应用型本科高校系列教材·电气信息类

U0190455

现代电子工艺
实训教程

姚有峰　主编

中国科学技术大学出版社

内 容 简 介

　　本书以基本工艺知识和电子产品制造技术为主,内容安排既重视基础知识的传授,又强调实践能力的培养,融入现代电子技术发展所形成的新工艺和新技术。主要包括安全用电常识、电子元器件识别、万用表使用、THT 和 SMT 焊接技术、PCB 设计与制作、电子产品的生产、整机装配与调整、测试技术与电子设备等知识。

　　本书在内容选取上考虑到电子科技及制造技术方面的国情及各行业应用电子技术的差异,在高新技术与传统技术,自动化与手工操作等方面统筹兼顾、合理安排,可作为高等院校电子工艺实习、工程训练、课程设计、毕业设计及科技创新活动等实践类教学环节的教材,也可作为相关工程技术人员的参考用书。

图书在版编目(CIP)数据

现代电子工艺实训教程/姚有峰主编. —合肥:中国科学技术大学出版社,2014.8
(2025.1 重印)
　ISBN 978-7-312-03516-6

　Ⅰ.现…　Ⅱ.姚…　Ⅲ.电子技术—教材　Ⅳ.TN

中国版本图书馆 CIP 数据核字(2014)第 162069 号

出版	中国科学技术大学出版社
	安徽省合肥市金寨路 96 号,230026
	http://press.ustc.edu.cn
印刷	安徽省瑞隆印务有限公司
发行	中国科学技术大学出版社
经销	全国新华书店
开本	710 mm×960 mm　1/16
印张	16
字数	314 千
版次	2014 年 8 月第 1 版
印次	2025 年 1 月第 8 次印刷
定价	29.00 元

前　　言

　　电子工艺实习是我国高等院校,尤其是应用型院校实践教学中重要的环节。这项实践教学对教学条件要求不高,投资小、见效快,但对提高学生实践能力、创新能力和团队协作能力有着十分重要的意义。《现代电子工艺实训教程》是为理工科学生开设电子工艺实习课程而编写的教材,是作者根据二十多年的实践经验编写而成的。

　　长期的实践证明,半导体电子器件的发展,大规模集成电路的问世,以及许多高、精、尖电子设备的制造成功,离不开工艺技术的实施和指导。电子工艺技术是一门范围广、理论性和实践性都较强的新学科,必须突破传统的实习模式,跟上现代电子技术发展的脚步,拉近学校与企业的距离,使学生能够直观地跟踪学习先进的制造技术。本书内容上重点加强工程实践训练,注重培养学生的实践能力,独立获得知识的能力和提出、分析、解决实际问题的能力,为学生建立工艺基础平台,使学生获得现代电子工艺知识。本书具有以下特点:

　　(1) 在日常生产、生活中,安全用电是首要的工作,书中详细介绍了安全用电常识以及在电力供电系统中,如何实施保护措施,才能达到安全用电的要求。

　　(2) 在详细介绍常用电子元器件的基本知识、选择和使用的基础上,结合电子产品的生产,训练学生读图能力和计算机绘图能力,并为学生电子工艺实习、电子产品设计打下良好的基础。

　　(3) 在介绍传统工艺的基础上,引入了现代电子工艺的 SMT 新技术、新工艺,强化工程观念,引导学生开阔视野和创新。

　　(4) 重视电子产品生产过程中经常出现的工艺问题和解决的办法,训练内容上既考虑培养团队协作能力,同时又为学生留有独立思考和创新的余地。

　　本书由姚有峰担任主编,其中第 1、4、7 章由汪明珠、黄济编写,第 2 章由张斌编写,第 3 章由赵江东编写,第 6 章由李泽彬编写,第 9 章由朱雪梅编写。

　　由于编者水平有限,加之编写时间比较仓促,书中存在疏漏和错误之处在所难免,诚望有识之士给予批评指正。

编　者

2014 年 5 月 6 日

目　　次

第 1 章　安全用电及安全操作

随着科学技术的不断发展,电能的应用越来越广泛,它对人们的精神文明和物质文明生活起到了巨大的促进作用。但同时也必须注意到,如果使用不当,将造成触电、损坏设备甚至引起火灾和爆炸等事故,给人们带来灾难。因此,必须掌握安全用电知识及安全操作规程,防止人身和设备发生不应有的损失。

1.1　触电及其对人体的危害

1.1.1　安全电压

接触的电压对人体各部分组织没有任何损害的电压叫作安全电压。国际电工委员会和世界各国对安全电压的规定不完全一样,我国根据具体环境条件的不同规定了三个等级的安全电压,即 36 V、24 V 和 12 V。工地上常用的安全电压为 36 V,例如,手提照明灯、危险环境的局部照明和携带式电动工具等;如果环境潮湿或在金属构件上作业应采用 24 V 或 12 V 安全电压。美国安全电压规定为 40 V;法国规定交流电为 24 V,直流电为 50 V;波兰、瑞士等规定为 50 V。

实践证明,电源频率在 50~60 Hz 时其电流对人体伤害的程度最为严重,使用频率在 3~10 kHz 或更高的高频电气设备,一般是不会引起触电死亡的,有时仅会引起并不严重的电击。但是,在电压为 6~10 kV,频率为 500 kHz 的强力电气设备中,有使人触电致死的危险。如果电流通过的是患有心脏病、结核病、醉酒的人体时,触电程度会更为严重。

1.1.2　触电

一般情况下人体可看作是阻值很大的导体,因此当人体上加有电压时,就会有电流通过。而流过人体的电流较大时,就会形成人体的剧烈生理反应,这种现象称作触电。触电分为电击和电伤两种,电击是指由电流通过人体内部影响呼吸、心脏和神经系统,造成人体内部组织的损坏乃至死亡的触电事故。电伤是指电流对人体外部造成的局部伤害,如电弧烧伤。触电的危害与诸多因素有关,主要表现在以下几个方面:

(1) 触电与人体电阻有关。人体电阻因人而异,且与人体皮肤状况有关,一般人体电阻在几千欧到上百千欧之间变化。影响人体电阻的因素很多(如人体皮肤角质层薄、皮肤潮湿、多汗、有损伤、带有导电粉层、接触面积加大、接触压力增加、通过的电流增大、通电的时间加长、接触电压增高等都将降低人体电阻),在皮肤湿润的情况下,人体电阻会大幅度降低到 1000 Ω 左右。通过人体的电流大小,与作用于人体电压的高低并不是成直线关系,这是因为随着电压的增高,人体表皮组织有类似介质被击穿的现象发生,使人体电阻很快下降,电流迅速增大,导致严重的触电事故。

(2) 触电与时间有关。触电时间越长,越容易引起心颤,当触电的时间大于 0.1 s 时,将会造成严重的伤害。

(3) 触电与电流路径有关。电流流经人体可能有多种方式,以从手到脚,从手到手最危险,因为这种情况下电流通过人体的要害部位——心脏,较大电流可使心跳停止,导致死亡。

(4) 触电与频率有关。低频电流比高频电流更容易引起心颤,因此危害更大,而 50～60 Hz 工频电流就是低频电流,因此它对人体危害最大。

(5) 触电与电流大小有关。电流越大,人的生理反应越明显、越剧烈,危险越大,越有可能形成永久损害,通过人体的电流在 100 mA 左右时,将导致死亡。

1.1.3　触电分析

按照人体触及带电体的方式和电流通过人体的路径,常见的触电分为以下三种类型。

1. 单相触电

一般工作和生活场所供电为 380/220 V 中性点接地系统,当人体接触带电设备或线路中的某一相导体时,一相电流通过人体经大地回到中性点,人体承受相电压,这种触电形式称为单相触电。

单相触电事故约占触电事故的 60%～70%,其危害程度与电网运行方式有关,一般接地电网比不接地电网的单相触电危险性大。如图 1.1 所示,在电网的中性点接地系统中,当人碰到任一根相线时,电流从相线经过人体、大地以及接地电阻构成回路,此时作用于人体上的电压是相电压。流过人体的电流 I_T 主要取决于相电压 U_p、人体电阻 R_t 及接地电阻 R_0,而接地电阻一般很小,这时,流过人体

的电流就仅与人体电阻有关,因此,这类触电是十分危险的。如果人穿上绝缘鞋或

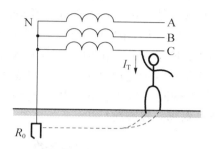

图 1.1　中性点接地系统的单相触电

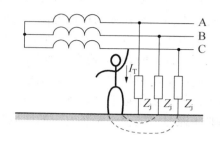

图 1.2　中性点不接地系统的单相触电

地面垫有橡胶绝缘垫,则回路中电阻增加,通过人体的电流减小,危险性就大为减小。反之如果湿手,身体出汗或赤脚、湿脚着地,危险性将大大增加,应绝对禁止这种情况的发生。

　　一般 10 kV 和 35 kV 的高压电网多采用不接地电网,井下配电也常采用低压中性点不接地电网,如图 1.2 所示。在此类电网系统中,当人体触及相线时,因输电线与大地之间存在分布电容 C_0(图 1.2 中 Z_j 为输电线对地绝缘电阻 R_j 和分布电容 C_0 的并联等效复阻抗),通过人体的电流经分布电容和大地形成回路,同样会造成危险。

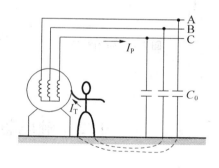

图 1.3　设备外壳带电造成的单相触电

　　在正常情况下,电气设备的金属外壳是不带电的,但如果设备内部某相绝缘损坏而漏电,便使设备外壳带电,人一旦接触这个带电体,就相当于单相触电,如图 1.3 所示。这是常见的触电事故,因此对电气设备的金属外壳必须采用接地或接零的保护措施。

2. 两相触电

　　两相触电就是人体同时触及两根相线,此时人体处于线电压 380 V 下,电流从一相导体通过人的中枢神经系统和心脏流入另一相导体发生触电,如图 1.4 所示。这种触电对人的危害最严重,而且一般保护措施都不起作用,但此种触电情形较少见。

3. 跨步电压触电

　　这类事故多发生在高压故障接地处,如电网断线落地、电气设备由于漏电使外壳的接地体上有较强的接地电流。这时,电流自接地体向四周流散产生电位降,以地面上电流流入点为圆心,在 20 m 范围内不同圆周上具有不同的电位。当人走近带电体接地点时,两脚跨在地面上电位不同的两点所承受的电压称为跨步电压,由此引起的触电事故称为跨步电压触电,如图 1.5 所示。为避免这类触电事故发生,要求人们不要走近电力系统的接地装置附近及电网断线接地点 8 m 以内的地面。如必须通过可能存在跨步电压的区域时,只能是双脚并拢蹦跳行进。

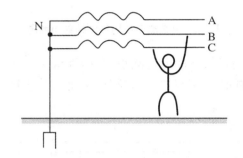

图 1.4　两相触电

图 1.5　跨步电压触电

1.2　触电急救及触电预防

1.2.1　触电急救

1. 迅速使触电者脱离带电体

　　人体触电后,可能由于痉挛或失去知觉而不能摆脱带电体,使触电者迅速脱离电源是解救触电者的首要措施,可采用下列方法使触电者脱离电源。

　　(1)对低压触电事故,如果触电地点附近有电源开关或插销,可立即拉开开关或拔出插销。但应注意拉线开关只控制一根线,拉开开关后有可能只切断零线,而未切断相线。

　　(2)如触电地点附近没有电源开关,可用有绝缘的电工钳或用干燥木柄的斧头切断电线来断开电源,或用干燥的竹竿、木棒等绝缘物挑开电线。

　　(3)当低压线搭落在触电者身上或被压在身下时,可用干燥的衣服、手套、绳子、木板、木棒等绝缘物作为工具,拉开触电者或挑开电线,使触电者脱离电源。如果触电者的衣服是干燥的,可用一只手抓住其衣服并拉离电源,但救护人不得接触触电者的皮肤。

（4）对高压触电事故应立即通知有关部门停电,并应在确保救护人员安全的情况下,根据现场条件采取紧急断电救护。

（5）在电容器或电缆线路中解救触电者时,应切断电源并进行放电后再去解救触电者。

2. 根据触电者的实际情况对症实施急救

人体触电后,要根据具体情况对症实施急救:

（1）触电者伤势不重、神志清醒,但有心慌、四肢发麻、全身无力现象,或者只有轻度昏迷现象,此时应将触电者搀扶到空气流通的地方,使其安静休息,并请医生到现场,或送医院检查诊治。

（2）触电者已经失去知觉,但还有呼吸,心脏跳动正常,这时可以使其安静舒适平躺,保持空气流通,解开衣扣和腰带便于呼吸,若天冷还要注意保温,并速请医生到现场诊治。

（3）触电者呼吸和心脏跳动完全停止,应立即使用人工呼吸和胸外心脏按压,即实施心肺复苏法抢救。急救措施应尽快进行,不能等候医生的到来,在送往医院途中也不能中止急救。

1.2.2　触电预防

触电事故的发生,大多数是由于不重视安全用电,违反操作规程引起的。因此要预防触电,须做好以下几项工作。

1. 合理使用工具

安装检修电气设备时,应先切断电源,切勿带电操作。用验电笔检测设备或导线等带电与否,切不可用手触摸鉴定。操作电气设备时,应穿有绝缘良好的胶底鞋、塑料鞋。在配电屏等电气设备周围的地面上,应放上干燥木板或橡胶垫。

2. 正确使用设备

各种电气设备或器材都有其规定的适用范围,导线和保险丝都有一定的规格,必须合理选择和正确使用。照明线路的开关应装在相线上,不应装在零线上。

3. 定期检修设备

对于正常情况下带电的导体,应保持其绝缘良好,定期检查。移动式电器如手提灯、手电钻以及家用电器,其电源线有破损老化时,要及时更换。电线接头处要用黑胶布等绝缘带包扎牢固,为防止电线受损,严禁把导线挂在铁钉上或者在导线上挂东西或随意乱拉线等。

4. 安装保护装置

电气设备都应装设必要的保护装置,如熔断器、自动开关、漏电保护器等。当设备发生短路、漏电或人身触电时,能及时自动切断电源,带金属外壳的设备一定要进行接地保护或接零保护。

1.3　电气设备的保护接地和保护接零

1.3.1　保护接地

将电气设备的金属外壳或机架与大地可靠连接,称为保护接地,如图 1.6 所示。保护接地宜用于三相电源中性点不接地的供电系统中。

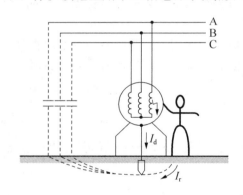

图 1.6　保护接地

在三相电源的中性点不接地而电气设备又没有接地的情况下,当一相绝缘损坏碰壳时,如有人触及设备的外壳,就会发生如图 1.6 所示的触电情况。如果电气设备已有保护接地(接地电阻 R_d 一般不大于 4 Ω),这时设备外壳通过导线与大地有良好的接触,当人体触及带电的外壳时,人体电阻与接地电阻相并联,而人体电阻又远比接地电阻大得多,因此,大部分电流通过接地电阻入地,而流过人体的电流极微小,从而避免了触电的危险。

1.3.2　保护接零

在低压三相四线制供电系统中,将中性点接地,这种接地方式称为工作接地。在该系统中应采用保护接零(接中线)。保护接零就是把电气设备的外壳或构架用导线和零线连接,如图 1.7 所示。若电气设备的绝缘损坏而使机壳带电,则一相电源经机壳和零线形成短路致使该相熔丝熔断,避免了触电事故。

应当说明,在三相四线制中性点接地系统中,必须采用保护接零,不能采用保护接地。这是因为如果将设备的金属外壳或构架等接地,而不是直接与中性点相连,如图 1.8 所示,一旦发生相线碰壳时将非常危险。若电源相电压为 220 V,R_d 和 R_0 分别等于 4 Ω,流过两接地电阻间的电流为:

$$I = \frac{220\ \text{V}}{R_\text{d} + R_0} = 27.5\ \text{A}$$

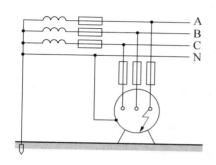

图 1.7　保护接零

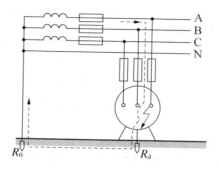

图 1.8　中性点接地系统中错用保护接地

此电流小于熔断器的额定电流,熔断器的熔体将不被熔断。此时,220 V 相电压分别降在 R_0 和 R_d 两个电阻上,零线和外壳上的对地电压 U_0 将会升高到相电压的一半,即:

$$U_0 = \frac{UR_\text{d}}{R_0 + R_\text{d}} = 110\ \text{V}$$

这样,不仅人体触及设备外壳是危险的,而且触及零线也是危险的。同时还使得接在这个电网上的所有接零保护的设备外壳都带上较高的电压,从而造成更多的触电危险。因此,在三相四线制中性点接地系统中,只能采用保护接零措施,不允许采用保护接地措施或两种措施混用。为了防止零线由于偶然事故出现断路,在电网的零线上每隔一定的距离要进行重复接地,如图 1.9 所示。这属于电工安装中的安全规则,电网架设必须严格按照有关规定操作。

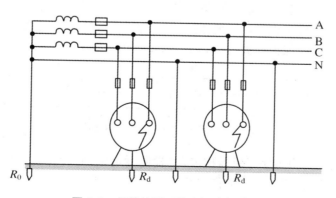

图 1.9　保护接零系统中的重复接地

目前,家用电器的供电都是采用三相四线制中性点接地系统,所以家用电器应采用保护接零,而不是保护接地,应当注意的是不能将家用电器的外壳接在入户零支线上,而应接在零干线上。这是因为若错误地将电器外壳接在入户零支线上,一旦该零支线断开(如零支线保险丝断、或插销头与插座接触不良、或只是相线接通而零线没接通),而相线碰壳时将会造成外壳带电。家用电器一般使用三脚插头和三孔插座,正确的接线应将电器设备的外壳用导线接在粗脚的保护接零端子上,如图 1.10 所示,通过插座与中线相连。必须指出的是,若住房中只有两孔电源插座,那就应将与电器外壳相连的插销片悬空不接,千万不可以将它和准备接电源零线的插销片连接起来使用,否则万一插销插反了,电器外壳将同电源相线相连,使外壳带电,这是十分危险的。

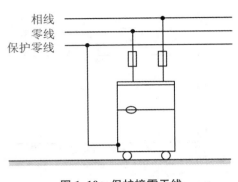

图 1.10　保护接零干线

1.3.3　漏电保护开关

漏电保护开关也叫触电保护开关,是一种切断型保护安全技术,它比接地保护或接零保护更灵敏、更有效。漏电保护开关有电压型和电流型两种,其工作原理有共同性,即都可把它看作是一种灵敏继电器。电压型检测用电器对地电压,而电流型则检测漏电流,超过安全值即动作切断电源。由于电压型漏电保护开关安装较复杂,普及率不高。目前发展较快,使用广泛的是电流型保护开关,它不仅能防止人触电而且能防止漏电造成火灾,既可用于中性点接地系统也可用于中性点不接地系统,既可单独使用也可与接地保护、接零保护共同使用,而且安装方便,值得大力推广,电流型漏电保护开关结构如图 1.11 所示。

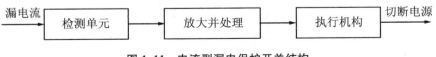

图 1.11　电流型漏电保护开关结构

检测单元主要由零序互感器构成,其检测漏电流,并转化为电压后进行放大,其值达到规定值时,执行机构动作切断供电电源,达到保护的目的。按国家标准规定,电流型漏电保护开关额定动作电流一般小于 30 mA,动作时间小于 0.1 s。如果是在潮湿等恶劣环境,可选取动作电流更小的规格。

1.4　安　全　操　作

1.4.1　安全操作知识

尽管在电子工艺实习中,电子装接工作通常在"弱电"环境下工作,但实际工作中免不了接触"强电"。一般常用电动工具(例如电烙铁、电热风机等),仪器设备和制作装置大部分需要接工频交流电才能工作,因此安全用电和安全操作是电子装接工作的首要条件。在实习过程中,严格遵守实验室制度和安全操作规程,对所用设备不要冒失地拿起插头就往电源上插,要记住"四查而后插":一查电源线有无破损;二查插头有无外露金属或内部松动;三查电源线插头两极有无短路,与设备外壳有无短路;四查设备所需电压是否与供电电压相符。只有真正做到了四查后,才能将电源插头插入电源插座,接通设备电源开始工作。

1.4.2　安全操作规程

(1) 进入电子实训场地实习时,要讲文明,不准穿拖鞋、背心,要衣冠整洁,按序进入场地,在指定的操作台位实习。

(2) 必须听从老师指导,严格遵守实训室制度。不要在工作间打闹,不准违章操作,未经老师允许不准启动任何非自用设备、仪器、工具等,操作项目和内容必须按实习要求进行。

(3) 不得用湿手接触开关、插座、灯头、刀闸等电器设备,更不要用湿布去擦拭和用水冲洗电气设备。千万不要用铜线、铝线、铁丝代替保险丝,空气开关损坏后立即更换,保险丝和空气开关的大小一定要与用电器容量相匹配,否则容易造成触电或电气火灾。

(4) 在使用电烙铁等发热电器时,必须配备支架,防止烫坏设备及发生火灾。在没有确信脱离电源时或刚脱离电源不久,不能用手摸烙铁头;烙铁头上多余的锡不要乱甩,特别是往身后甩危险性很大。

(5) 实习中要保持安静,不要惊吓正在操作的人员,有问题或设备故障,应立即报告指导老师。

(6) 用剪线钳剪断短小导线(例如:印刷板元件焊好后,剪掉过长的引脚)时,要让导线甩出方向朝着工作台或空地,决不可指向人或设备。

(7) 用螺丝刀拧紧螺钉时,另一只手不要握在螺丝刀刀口方向;插拔电烙铁等电器的电源插头时,要手拿插头,不要抓电源线插拔。

（8）实习中如果发现有烧焦橡皮、塑料的气味,应立即拉闸停电,查明原因妥善处理后,才能合闸。万一发生火灾,要迅速拉闸救火,如果不能停电,应用干粉灭火器或盖土、盖砂的办法灭火,一定不要泼水救火,以防触电。

（9）停电作业时,在作业前必须完成停电、验电、挂接地线和悬挂标示牌,设置临时遮栏等安全措施,以免作业时突然送电造成触电事故。

（10）实习完毕要整理设备,打扫场地卫生,归还使用工具,工具丢失或无故损坏,按原价赔偿。由于违反操作规程或不听从老师指导造成国家财产损失的要酌情赔偿。

第 2 章　常用电子元器件

　　常用电子元器件一般指电阻器、电容器、电感器、继电器、开关及接插件、晶体二极管、晶体三极管、可控硅、集成电路等。我们将学习这些元器件的用途,主要性能参数、规格型号以及检查这些元器件质量好坏的基本知识。

2.1　电　阻　器

　　电荷在物体中运动会受到一定的阻力,这种阻力叫电阻,具有一定阻值的元件叫作电阻器。它是电子产品中一种必不可少、用得最多的电子元器件之一,其实物图如图 2.1(a)所示,电路符号如图 2.1(b)所示。电阻器在电路中主要用来控制电压和电流,即起降压、分压、限流、分流等作用,还可以与其他元件配合,组成耦合、滤波、反馈、补偿等各种不同功能的电路。所以,我们有必要对电阻器的命名、主要性能参数等基本知识有初步的了解。

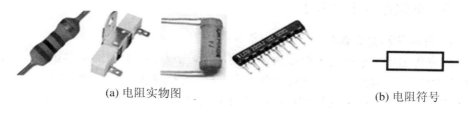

(a) 电阻实物图　　　　　　　　　　　　　　　　(b) 电阻符号

图 2.1　电阻器

2.1.1　电阻器的命名方法

　　根据国家标准规定,电阻器的型号命名由四个部分组成:第一部分用字母表示产品的主称,其中,R 表示电阻器,W 表示电位器;第二部分用字母表示产品的材料或类别；第三部分用数字或字母表示电阻器的特性、用途和类别；第四部分用数字表示其生产序号。电阻器型号中各种符号的含义如表 2.1 所列。

表 2.1　固定电阻器型号组成及各部分符号含义

主　称		材　料		特　征　分　类			序　号
符号	含义	符号	含　义	符号	含　义		数字表示
					电阻器	电位器	
R	电阻器	T	碳膜	1	普通		
W	电位器	H	合成碳膜	2	普通		
		S	有机实心	3	超高频		
		N	无机实心	4	高阻		
		J	金属膜	5	高温		
		Y	氧化膜	6		普通	
		C	沉积膜	7	精密	普通	
		I	玻璃釉膜	8	高压	精密	
		P	硼碳膜	9	特殊	特种	
		U	硅碳膜	G	高功率	特殊	
		X	线绕	T	可调		

例如：RJ21 中，"R"表示主称为电阻，"J"表示材料为金属，"2"表示分类为普通，"1"表示序号。

2.1.2　电阻器的主要参数

1. 标称值和允许误差

国家规定出一系列的阻值作为产品的标准，这就是电阻器的标称阻值。电阻的实际阻值不可能做到与它的标称值完全一样，两者间总是存在一定的偏差，最大的允许误差除以该电阻的标称值所得的百分数就叫电阻的误差。对于误差，国家也规定出一个系列，普通电阻的误差分为 ± 5%、± 10%、± 20% 三种，在标志上分别以 Ⅰ、Ⅱ、Ⅲ 误差等级表示。在电路图中电阻器旁边所标的阻值就是标称阻值，使用者在设计电路时计算得出的电阻器阻值不是标称值时，可选择和它相接近的标称电阻值。

2. 额定功率

当电流通过电阻时，要消耗一定的功率，这部分功率变成热量使电阻温度升高,为保证电阻正常使用而不被烧坏,它所承受的功率不能超过规定的限度,这个最大的限度就称为电阻的额定功率。一般可分为 1/8 W、1/4 W、1/2 W、1 W、2 W、5 W、10 W……额定功率大的电阻器体积就大,在一般半导体收音机等电流较小的电路中,电阻的额定功率一般只需 1/4 W 或 1/8 W 就可以了。但在功率型应用电路中,如电视机、微波炉等,选用电阻器的额定功率都要高于电路实际要求功率的 1 倍或 2 倍才行,否则很难保障电路的正常安全工作。

电阻器简称电阻,所用单位是欧姆,用希腊文"Ω"表示,实践中通常还用更大的一些单位如 kΩ 和 MΩ 等,它们之间的换算关系:1 kΩ = 1000 Ω,1 MΩ = 1000 kΩ。

2.1.3　电阻器的标注方法

国家有关部门规定了固定电阻器的三种标注方法:直标法、文字符号法和色标法。

1. 直标法

在电阻器表面用数字、单位符号和百分数直接标出电阻器的阻值和允许误差。优点是直观,一目了然,表示方法如图 2.2 所示。

图 2.2　电阻直标法

2. 文字符号法

用数字和单位符号两者按照一定的规律组合起来表示阻值,允许误差也用文字符号表示。单位符号 Ω(或 kΩ、MΩ)前面的数字表示整数阻值,后面的数字表示第一位小数阻值,如 5k1 表示 5.1 kΩ,5Ω1 表示 5.1 Ω,4M7 表示 4.7 MΩ。电阻的误差分别用六个字母表示,如表 2.2 所示。

表 2.2　误差的字符表示法

字　　　母	D	F	G	J	K	M
误差（±%）	0.5	1	2	5	10	20

3. 色标法

用颜色表示电阻器的阻值和允许误差,不同颜色代表不同数值。普通精度的电阻用四条色环表示阻值及误差,其中第一、第二条表示有效数字,第三条表示有效数字后面"0"的个数,第四条表示误差,如图 2.3 所示,其颜色所代表的数字和误差如表 2.3 所示。

表 2.3 四道色环的含义

颜色	第一色环第一位有效数字	第二色环第二位有效数字	第三色环倍率	第四色环允许误差
黑	0	0	10^0	
棕	1	1	10^1	
红	2	2	10^2	
橙	3	3	10^3	
黄	4	4	10^4	
绿	5	5	10^5	
篮	6	6	10^6	
紫	7	7	10^7	
灰	8	8	10^8	
白	9	9	10^9	
金			10^{-1}	$\pm 5\%$
银			10^{-2}	$\pm 10\%$
无色				$\pm 20\%$

例如,若电阻的四个色环颜色依次为:黄、紫、棕、银,表示 470 Ω、±10% 的电阻;棕、绿、绿、银则表示 1.5 MΩ、±10% 的电阻。精密电阻用五道色环表示阻值及误差,如图 2.4 所示。例如,若电阻上的五个色环颜色依次为:棕、蓝、绿、黑、棕,表示 165 Ω±1% 的电阻;红、蓝、紫、棕、棕则表示 2.67 kΩ±1% 的电阻器。五道色环颜色的含义如表 2.4 所示。

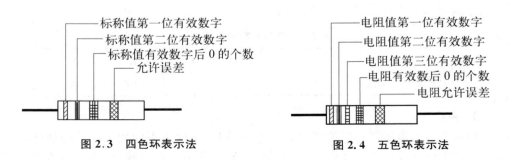

图 2.3 四色环表示法　　　　　图 2.4 五色环表示法

表 2.4　五道色环的含义

颜色	第一色环 第一位数	第二色环 第二位数	第三色环 第三位数	第四色环倍率	第五色环 允许偏差
黑	0	0	0	10^0	
棕	1	1	1	10^1	±1%
红	2	2	2	10^2	±2%
橙	3	3	3	10^3	
黄	4	4	4	10^4	
绿	5	5	5	10^5	±0.5%
蓝	6	6	6	10^6	±0.25%
紫	7	7	7	10^7	±0.1%
灰	8	8	8	10^8	
白	9	9	9	10^9	
金				10^{-1}	
银				10^{-2}	

2.1.4　热敏电阻器

1. 热敏电阻器的结构

热敏电阻器是敏感元件的一类,按照温度系数不同分为正温度系数热敏电阻器(PTC)和负温度系数热敏电阻器(NTC)。热敏电阻器的典型特点是对温度敏感,不同的温度下表现出不同的电阻值。正温度系数热敏电阻器(PTC)在温度越高时电阻值越大,负温度系数热敏电阻器(NTC)在温度越高时电阻值越低。

正温度系数的热敏电阻其材料是以 $BaTiO_3$ 或 $SrTiO_3$ 或 $PbTiO_3$ 为主要成分的烧结体,其中掺入微量的 Nb、Ta、Bi、Sb、Y、La 等氧化物进行原子价控制而使之半导化,常将这种半导体化的 $BaTiO_3$ 等材料简称为半导(体)瓷;同时还添加增大其正电阻温度系数的 Mn、Fe、Cu、Cr 的氧化物和起其他作用的添加物,采用一般陶瓷工艺成型、高温烧结而使钛酸铂等及其固溶体半导化,从而得到正特性的热敏电阻材料。PTC 热敏电阻主要用于电器设备的过热保护、无触点继电器、恒温、自动增益控制、电机启动、时间延迟、彩色电视自动消磁、火灾报警和温度补偿等方面。

负温度系数的热敏电阻器,是以锰、钴、镍和铜等金属氧化物为主要材料,采用陶瓷工艺制造而成。这些金属氧化物材料都具有半导体性质,因为在导电方式上完全类似锗、硅等半导体材料。温度低时,这些氧化物材料的载流子数目少,所以其电阻值较高;随着温度的升高,载流子数目增加,所以电阻值降低。NTC 热敏电阻器在室温下的变化范围在 $100\sim1000000\ \Omega$,可广泛应用于温度测量、温度补偿、抑制浪涌电流、RC 振荡器稳幅电路、延迟电路和保护电路等场合。

热敏电阻的外形及电路符号如图 2.5 所示。

(a) 外形　　　　　　　　　　　　(b) 电路符号

图 2.5　热敏电阻外形及符号

2. 热敏电阻器的特性及参数

1) 热敏电阻器的特性

热敏电阻的电阻－温度特性可近似地用下式表示：

$$R_T = R_{T_0} \exp\{Bp(1/T - 1/T_0)\} \text{(NTC)}$$

或

$$R_T = R_{T_0} \exp\{Bp(T - T_0)\} \text{(PTC)}$$

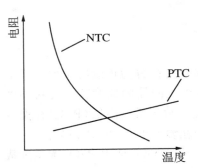

图 2.6　热敏电阻阻值随温度变化曲线

其中，R_T 是温度 T(K)时的电阻值，R_0 是温度 T_0 时的电阻值，Bp 为材料常数，其值并非是恒定的，其变化大小因材料构成而异。热敏电阻的特性曲线如图 2.6 所示。

2) 热敏电阻的主要技术参数

(1) 标称阻值 R_c：一般指环境温度为 25 ℃时热敏电阻器的实际电阻值。

(2) 实际阻值 R_T：在一定的温度条件下所测得的电阻值。

(3) 材料常数 Bp：它是一个描述热敏电阻材料物理特性的参数，也是热灵敏度指标，Bp 值越大，表示热敏电阻器的灵敏度越高，Bp 由下式决定：

$$Bp = \frac{T_1 T_2}{T_2 - T_1} \ln \frac{R_{T_1}}{R_{T_2}}$$

式中的 R_{T_1} 是指温度 T_1 时的阻值，R_{T_2} 是温度 T_2 时的电阻值，T_1、T_2 是两个被指定的温度。

(4) 电阻温度系数 αT：它表示温度变化 1 ℃时的阻值变化率，单位为 %/℃。

(5) 额定功率 P_M：在规定的技术条件下，热敏电阻器长期连续负载所允许的耗散功率。在实际使用时不得超过额定功率，若热敏电阻器工作的环境温度超过 25 ℃，则必须相应降低其负载。

2.1.5　光敏电阻器

1. 光敏电阻器的结构

光敏电阻器是利用半导体光导效应制成的一种特殊电阻元器件。为了便于吸收更多的光能,光敏电阻通常都制成薄片状,由玻璃基片、光敏层、电极等部分组成,它的结构、外形和电路符号如图 2.7 所示。

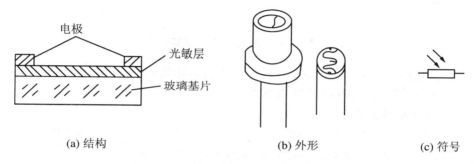

　　(a) 结构　　　　　　　　　(b) 外形　　　　　(c) 符号

图 2.7　光敏电阻器的结构、外形和符号

2. 光敏电阻器的特性

光敏电阻器的特点是对光线非常敏感,无光线照射时,光敏电阻器呈高阻状态,当有光线照射时,电阻值迅速减小。在图 2.8 所示的特性曲线中,a、b 分别代表两种光敏电阻器的光照特性曲线,表明了阻值 R 与照度 E 之间的对应关系。在没有光照,即 $E = 0$ 时,光敏电阻器的阻值称为暗阻,用 R_R 表示,一般产品的暗阻为几百千欧到几十兆欧;在规定照度(例如,$E = 1000$ lx)下,阻值降

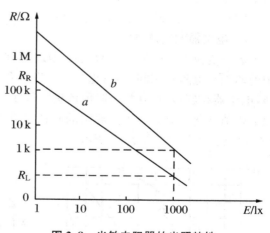

图 2.8　光敏电阻器的光照特性

至几千欧,甚至几百欧,称为亮阻,用 R_L 表示。显然,暗阻 R_R 越大越好,而亮阻 R_L 则越小越好。

2.1.6　可变电阻器——电位器

典型电位器基本结构、符号及实物如图 2.9 所示,均由电阻体、滑动臂、转轴、外壳和簧片构成。它有三个引出端,其中 AC 两端电阻值最大,AB、BC 之间的电

阻值可以通过与转轴相连的簧片位置不同而加以改变。

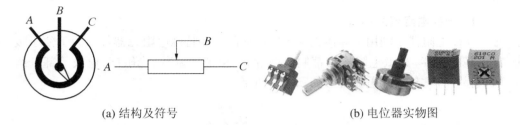

(a) 结构及符号　　　　　　　　　　(b) 电位器实物图

图 2.9　电位器结构、符号及实物图

电位器的主要用途是在电路中作分压器或变阻器,用作电压电流的调节。在收音机中作声量、音调控制,在电视机中用作音量、亮度、对比度控制等。

1. 电位器的分类

(1) 电位器的种类繁多。按电阻体所用材料不同可分为碳膜电位器、金属膜电位器、线绕电位器、有机实芯电位器、碳质实芯电位器等。

(2) 按结构不同可分为单联、双联、多联电位器,带开关的电位器,锁紧和非锁紧型电位器等。

(3) 按调节方式可分为旋转式和直滑式电位器。

2. 电位器的主要参数

表征电位器性能的主要参数有三项:标称阻值、额定功率和阻值变化规律。其中前两项与电阻器相同,不再重复。这里只介绍其特有的主要参数,即阻值变化规律,电位器在旋转时,其相应阻值依旋转角度而变化,为了适应各种不同的用途,电位器阻值变化规律亦不同,常用的阻值变化规律有三种,即直线式(X)、指数式(Z)、对数式(D),如图 2.10 所示。

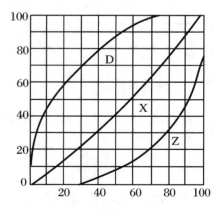

图 2.10　电位器阻值与角度变化曲线

X 型为直线,阻值按旋转角度均匀变化,适合于分压、单调等方面调节作用。

Z 型为指数式,阻值按旋转角依指数关系变化,普遍用在音量控制电路中,如收音机、录音机、电视机中的音量控制器。因为人的听觉对声音的强弱,是依指数关系变化的,若控制音量随电阻阻值指数变化,这样人耳听到的声音就感觉平稳舒适。

D 型为对数式,阻值按旋转角度依对数关系变化,这种电位器多用在仪表当中,也适用于音调控制电路。

3. 标注方法

电位器一般均采用直标法,在电位器外壳上用字母和数字标志着它们的型号、标称功率、阻值、阻值与转角间的关系等。例如 WT-Ⅱ-Ⅰ-1K-X 电位器表示为单联碳膜电位器Ⅱ型,功率为 1 W,阻值为 1 kΩ,曲线为直线性。

2.2　电　容　器

电容器和电阻器一样,是电子电路中大量使用的主要元件之一。它的基本结构就是两个金属电极中间隔着绝缘体(即电介质),就构成一个电容器,是一种贮存电荷的容器。电容器的基本特征是不能通过直流电,而能"通过"交流电,且容量越大,电流频率越高,它的容抗就越小,交流电流就越容易"通过"。电容器的这些基本特征,在无线电电路中得到了广泛的应用,例如可以用在调谐、极间耦合、滤波、交流旁路等方面,并与其他元件如电阻、电感配合使用,组成各种特殊功能的电路,所以电容器也是电子设备中不可缺少的基本元件。

2.2.1　电容器的分类与命名

1. 电容器的分类

电容器有不同的分类,按照电容量是否可调整,可分为固定电容器、可变电容器及微调电容器(或半可变电容器)。它们在电路图中的符号如图 2.11 所示,文字符号均为 C。按照介质不同分为瓷介电容、云母电容、纸介电容、塑料薄膜电容、电解电容等,其实物外形如图 2.12 所示。

固定电容　　可变电容　　微调电容　　电解电容

图 2.11　电容器符号

图 2.12　常见电容器的实物图

2. 电容器的命名

电容器的命名一般由四部分组成,第一部分为主称,第二部分为材料,第三部分为特性,第四部分为序号,前三部分如表 2.5、表 2.6 所列。

表 2.5　电容器材料代号及其意义

符 号	含 义	符 号	含 义	符 号	含 义	符 号	含 义
C	高频瓷介	B	聚苯乙烯	Q	漆膜	A	钽电解质
T	低频瓷介	BB	聚丙烯	Z	纸介	N	铌电解质
Y	云母	F	聚四氟乙烯	J	金属化纸介	G	合金电解质
I	玻璃釉	L	涤纶	H	复合纸介		
O	玻璃膜	S	聚碳酸酯	D	铝电解		

表 2.6　电容器特性分类中数字及字母的意义

数字	1	2	3	4	5	6	7	8	9
瓷介	圆片	管形	叠片	独石	穿心	支柱		高压	
云母	非密封	密封	密封					高压	
有机	非密封	密封	密封	穿心				高压	特殊
电解		筒式	烧结粉液体	烧结粉固体		无极性			特殊
字母	D	X	Y	M	W	J	C	S	
意义	低压	小型高压	密封	微调	金属化	穿心	独石		

例如:CBB10 型表示圆片聚丙烯电容器。

2.2.2　电容器的主要参数

1. 额定直流工作电压(又称耐压)

电容器在线路中能长期可靠工作而不致被击穿时所能承受的最大直流工作电压,一般标志在电容器的壳体上,供选用时参考。因为耐压值选得太低,电容器容易被击穿,选得太高,又会增大电容器的体积,同时还将增加成本。

2. 标称容量和允许误差范围

为了生产和选用的方便,国家规定了各种电容器的一系列标准值,称为标称容量,也就是电容器壳上所标出的容量。实际生产的电容器的容量和标称容量之间总是会有误差,实际电容量与标称电容量的允许最大误差范围称为允许偏差范围。一般分为三个等级,用 I 级(±5%)、II 级(±10%)、III 级(±20%)表示,通常标称容量和误差都标志在电容器的壳体上，以便识别和选用。

3. 绝缘电阻

绝缘电阻又称漏电电阻，指两个电极间绝缘介质的电阻，它的大小说明了电容器绝缘性能的好坏。电容器在一定的电压作用下，会有微弱的电流通过介质，造成电能损耗，绝缘电阻越小，漏电流就越大，电能损耗越多，就会影响电路的正常工作，所以绝缘电阻小的电容器不能选用。

2.2.3　电容器的标注方法

1. 直标法

主要技术指标直接标注在电容器的表面上。

（1）数字不是带小数点的整数，则容量单位为 pF。如 2200 表示 2200 pF，6800 表示 6800 pF。

（2）若数字带小数点，则容量单位是 μF。如 0.047 表示 0.047 μF，0.01 表示 0.01 μF 等。

（3）用数码表示电容量时，电容量的大小是用三位数字表示，其中前面 2 位表示有效数值，最后 1 位表示有效数字后面零的个数。如 103 表示 $10 \times 10^3 = 10000$ pF，或写成 0.01 μF。223 表示 $22 \times 10^3 = 22000$ pF，或写成 0.022 μF。

2. 文字符号法

用数字和文字符号有规律地组合起来表示电容器的标称容量，并标志在电容器的壳体上。

（1）数字表示有效数值，字母表示数量级。字母 μ（微法，10^{-6} 法）、n（纳法，10^{-9} 法）、p（皮法，10^{-12} 法）。例如 10 μ 表示 10 μF 或写成 10000000 pF 等。

（2）字母表示小数点。如 3μ3 表示 3.3 μF，3P3 表示 3.3 pF，P33 表示 0.33 pF 等。

（3）数字前加字母 R，以 R 表示小数点，表示为零点几 μF 的电容量。如 R33 表示 0.33 μF，R47 表示 0.47 μF 等。

3. 色标法

与电阻器色标中颜色所代表的数字相同，电容器的色码标志有立式色条标志、色点标志和卧式色环标志几种方法，如图 2.13 所示。

2.2.4　常见电容器的特点

几种常见电容器的特点如下：

（1）瓷介电容器。该种电容器是以陶瓷为介质的电容器，根据介质常数分为高频瓷介电容器（CC）和低频瓷介电容器（CT）。

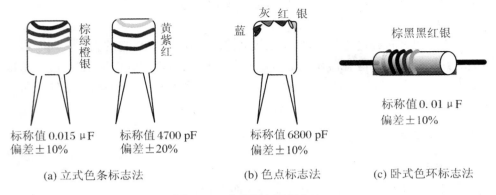

图 2.13　电容器色码标志法

① 高频瓷介电容器。介质常数大于 1000、体积小、性能稳定、耐热性好、绝缘电阻大、损耗小、容量范围在 1 pF～0.1 μF，常用于要求低损耗、容量稳定的高频电路中。

② 低频瓷介电容器。介质常数小于 1000，体积相对比 CC 瓷介电容器小，容量比 CC 型大，但其绝缘电阻低、损耗大、稳定性比 CC 型差，一般用于低频电路中作旁路使用。

(2) 云母电容器（CY）。该种电容器是以云母作介质，其精度高，可达 ±(0.01%～0.03%)，性能稳定可靠、损耗小、绝缘电阻很高，是一种优质电容器。但容量小，一般在 4.7～5100 pF，体积大、成本高，主要用于对稳定性和可靠性要求高的高频电路上。

(3) 玻璃电容器。该电容是以玻璃为介质，稳定性介于云母电容器和瓷介电容器之间，是一种耐高温、体积小、成本低、性能高的电容器，常在高密度电路中使用。

(4) 纸介电容器（CZ）。该种电容是以纸为介质，制造成本低，比瓷介电容和玻璃电容的容量范围大。另一种金属化纸介电容器（CJ），相对于纸介电容器的体积减小 1/5～1/3，且高压击穿或能够自愈，而其他性能和纸介电容器没有多大差别。

(5) 有机薄膜电容器。有机薄膜电容器是以有机薄膜为介质，其种类很多，最常见的有涤纶薄膜、聚丙烯薄膜等。这类电容器性能上比低频瓷介电容器、纸介电容器好，其容量范围大，但稳定性还不够高。其中，涤纶金属聚碳酸酯等电容器只适用于低频电路；聚苯乙烯、聚四氟乙烯电容器高频性能好，适用于高频电路。聚丙烯电容器能耐高压，聚四氟乙烯能耐高温。

(6) 电解电容器。该类电容器是以金属氧化膜为介质，金属为阳极，电解质为阴极,其最大的特点是容量范围大,可达 $0.47\sim200000\ \mu F$。根据介质不同,电解电容器主要分为两种:

① 铝电解电容器。该种电容器是以铝金属为阳极,常以圆筒状铝壳封装。其容量范围大,且价格低廉;但其绝缘性差、损耗大、温度特性和频率特性差,电解液易干固老化、不耐用,额定直流工作电压低,一般在 $6.3\sim500\ V$ 之间,适用于低频旁路、耦合和滤波等电路。

② 钽电解电容器。该种电容器分固体钽电解电容器和液体钽电解电容器两种。与铝电解电容器相比,绝缘性好,相对体积和损耗都小,温度稳定性和频率特性好,耐用、不易老化;但相对额定直流工作电压低,最高额定直流工作电压只有百余伏。

(7) 可变电容器。主要由动片和定片之间的介质以平行板式结构形成。动片和定片通常是半圆形或类似半圆形,转动动片,则改变了它们的平衡面积,从而改变其容量。常见的可变电容介质有空气、聚苯乙烯、陶瓷等。单个可调电容器称为单联可调电容器,两个称为双联,多个称为多联。调幅(AM)收音机中使用的是双联可调电容器,而调幅/调频(AM/FM)收音机中使用的则是四联可调电容器,且在顶部还有四个作为补偿使用的微调可调电容器。

2.3　电感器和变压器

电感器一般又称为电感线圈,在谐振、耦合、滤波、陷波等电路应用十分普遍。与电阻器、电容器不同的是电感线圈没有品种齐全的标准产品,特别是一些高频小电感,通常需要根据电路要求自行设计制作。变压器是利用多个电感线圈产生互感作用的元件,变压器实质上都是电感器,它在电路中常起变压、耦合、匹配、选频等作用。

2.3.1　电感器的分类及符号

1. 电感的分类

电感按功能分为:振荡线圈、扼流线圈、耦合线圈、校正线圈、偏转线圈;按是否可调分为:固定电感、可调电感、微调电感;按结构分为:空心线圈、磁心线圈、铁芯线圈;按形状分为:线绕电感(单层线圈、多层线圈、蜂房线圈)、平面电感(印制电感、片装电感)等。

2. 电感的符号及外形

电路中常见电感器的符号如图 2.14 所示,有空芯电感器、铁芯电感器、磁芯电感器以及可调电感器等,其外形如图 2.15 所示。

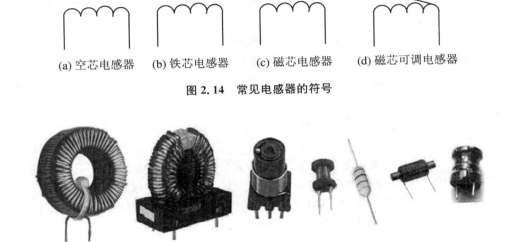

(a) 空芯电感器　　(b) 铁芯电感器　　(c) 磁芯电感器　　(d) 磁芯可调电感器

图 2.14　常见电感器的符号

图 2.15　常见电感器的实物图

2.3.2　电感器的主要参数

1. 电感量及误差

在没有非线性导体物质存在的条件下,一个载流线圈的磁通与线圈中的电流成正比。其比例常数称自感系数,用 L 表示,简称电感。电感量的大小与电感线圈的匝数、截面积以及内部有没有铁芯或磁芯有很大的关系。如果在其他条件相同的情况下,匝数越多,电感量就越大;匝数相同,其他条件不变,那么线圈的截面积越大,电感量就越大;同一个线圈,插入铁芯或磁芯后,电感量比空心时明显增大,而且插入的铁芯或磁芯质量越好,线圈的电感量就增加得越多。电感的基本单位是亨利(H),常用的有毫亨(mH)、微亨(μH)、纳亨(nH)。

同电阻器、电容器一样,商品电感器的标称电感量也有一定的误差,常用电感器误差在 5%～20% 之间。

2. 固有电容和直流电阻

线圈匝与匝之间的导线,通过空气、绝缘层和骨架而存在着分布电容,此外,屏蔽罩之间,多层绕组的层与层之间,绕组与底板之间也都存在着分布电容。等效电容就是固有电容,由于固有电容和直流电阻的存在,会使线圈的损耗增大,品质因数降低。

3. 品质因数 Q

品质因数是表示线圈质量的一个参数。它是指线圈在某一频率的交流电压下工作时,线圈所呈现的感抗和线圈的直流电阻的比值,用公式表示:

$$Q = \frac{2\pi f L}{R} = \frac{\omega L}{R}$$

式中,Q 为线圈的品质因数,L 为线圈的电感量,R 为线圈的电阻,f 为频率,ω 为角频率。

当 L、f 一定时,品质因数 Q 就与线圈的电阻 R 有关,电阻越大,Q 值就越小;反之 Q 值就越大。在谐振回路中,线圈的 Q 值越高,回路的损耗就越小,因此回路的效率就越高,滤波性能就好。但 Q 值的提高往往受到一些因素的限制,如导线的直流电阻,线圈架的介质损耗,以及由于屏蔽和铁芯引起的损耗,还有在高频工作时集肤效应等。因此,实际上线圈的 Q 值不可能做得很高,通常为几十至一百,最高到四五百。

(1)额定电流:线圈中允许通过的最大电流,主要对高频扼流圈和大功率的谐振线圈而言。

(2)稳定性:当温度、湿度等因素改变时,线圈的电感量以及品质因数便随之而变,稳定性则表示线圈参数随外界条件变化而改变的程度。线圈产生几何变形、温度变化引起的固有电容和漏电阻损耗增加,都会影响电感的稳定性。电感线圈的稳定性,通常用电感温度系数 αL 和不稳定系数 βL 两个量来衡量,它们越大,表示稳定性越差。

2.3.3　电感器的标注方法

1. 直标法

电感量是由数字和单位直接标在外壳上的,具体方法:电感上的数字是标称电感量,其单位是 μH、mH。

2. 数码表示法

通常用 3 位数码表示,前两位表示有效数字,第三位数表示有效数后零的个数,小数点用 R 表示,最后一位英文字母表示误差范围,单位为 μH。如 220K 表示 22μH,8R2J 表示 8.2μH。

3. 色标法

与电阻器色标中颜色所代表的数字相同,电感器的色码标志有 EL 型标志法和 SL 型标志法,如图 2.16 所示。

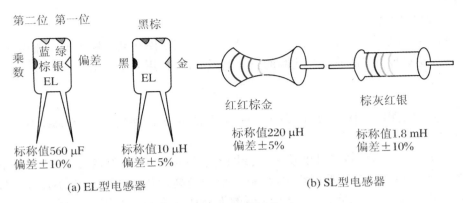

(a) EL型电感器   (b) SL型电感器

图 2.16 电感器色标法

2.3.4 变压器

1. 变压器的工作原理

变压器也是一种电感器,其工作原理很复杂,下面以图 2.17 为例说明,仅对当次级线圈接有负载时的能量传递过程作简单的定性分析。初级线圈又称为一次绕组或原绕组,接电源或信号源,它的作用是输入电能,次级线圈又称为二次绕组或副绕组,接负载,它的作用是输出电能。当初级线圈接到交流电源上时,线圈上就有电流 I_1 产生,并在铁芯中产生交变的主磁场,主磁通不但穿过初级线圈,而且也穿过次级线圈。由焦耳-楞次定律知,这样分别在初级线圈和次级线圈中

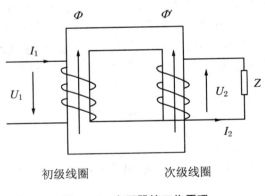

图 2.17 变压器的工作原理

产生感应电动势,从而就有电流 I_2 流过负载 Z,即次级线圈向负载 Z 输出电能。由于变压器本身不能产生能量,因此初级线圈一定是从电源端吸收能量,然后通过交变磁场把电源端吸收的能量传递到次级线圈一端,这就是变压器的能量传递(即把能量输出至负载)过程。

2. 变压器符号及外形结构

变压器是利用多个电感线圈产生互感来进行交流变换和阻抗变换的一种元器件。它一般由导电材料、磁性材料和绝缘材料三部分组成,在电路中,变压器主要

作用于电压变换、电流变换、阻抗变换和缓冲隔离等,其电路符号如图 2.18 所示。有空芯变压器、铁芯变压器和磁芯变压器等,常见变压器外形结构如图 2.19 所示。

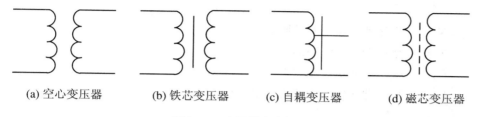

(a) 空心变压器　　　(b) 铁芯变压器　　　(c) 自耦变压器　　　(d) 磁芯变压器

图 2.18　变压器电路符号

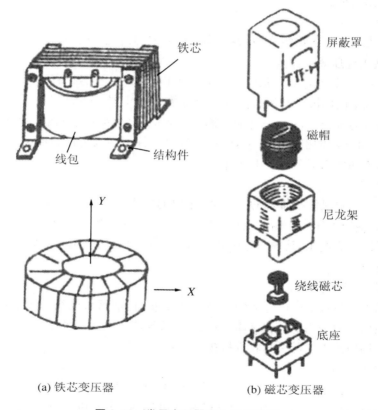

(a) 铁芯变压器　　　　　　　　　　(b) 磁芯变压器

图 2.19　常见变压器实物及结构图

3. 变压器的主要参数

变压器的主要参数包括变压比、额定功率、绝缘电阻、工作频率、温升等。

1）变压比

变压比又称电压比，用 n 表示，它是初级线圈匝数与次级线圈匝数之比：

$$n = N_1/N_2 = U_1/U_2$$

式中，N_1——变压器初级线圈的匝数；

　　　N_2——变压器次级线圈的匝数；

　　　U_1——变压器初级线圈两端输入电压；

　　　U_2——变压器次级线圈两端输出电压。

2）额定功率

额定功率是指在规定的工作频率和电压下变压器能长期工作而不超过规定温升时的输出功率。

3）绝缘电阻

绝缘电阻是指各绕组之间、各线圈与铁芯之间的绝缘电阻。

4. 常用变压器的作用

变压器不同于电感器，从电路符号就可以看出，电感器只有一个线圈，而变压器有两个以上的线圈。初级线圈和次级线圈是变压器的主要部分，将线圈绕在绝缘材料制成的骨架上，各绕组之间、绕组与变压器其他部件之间要高度绝缘。变压器初级、次级线圈的引出作为引脚与电路连接，骨架内放置铁芯或磁芯构成磁路，根据用途不同变压器分成如下几种：

1）电源变压器

电源变压器是一种常见的变压器，主要的作用是升压和降压。升压是提升交流电压，其输出电压高于输入电压，其初级绕组线圈匝数少于次级绕组线圈匝数。降压是降低交流电压，其输出电压低于输入电压，其初级绕组线圈匝数多于次级绕组线圈匝数。

2）高频变压器

在晶体管收音机中磁性天线是高频变压器，它是用来接收高频信号的。磁性天线的磁棒一般采用锰锌铁氧体（呈黑色），线圈绕制在绝缘的纸管上，然后套在磁棒上。采用磁性天线可提高收音机接收信号的能力。

3）中频变压器

中频变压器俗称中周，一般由磁芯、线圈、支架、底座和屏蔽罩组成，如图 2.19（b）所示，调节磁芯在线圈中位置可以改变电感量，使电路在特定的频率谐振（中频）。中频变压器是晶体管收音机和电视机中常见的元件，起信号耦合和选频等作用，对收音机的灵敏度和选择性、电视机的清晰度等技术指标有非常大的影响。

4）音频变压器

音频变压器是各种音频电路中所用变压器的通称，也称低频变压器。在电路中的主要作用是传输信号功率和信号电压、实现阻抗匹配和耦合等。音频变压器的种类很多,以晶体管收音机音频变压器为例,输入变压器的次级和输出变压器的初级均是三个引出端,采用中心抽头式对称输出、输入(匝数相同,电感量相等),输入变压器置于低放级与功放级之间,向晶体管功放推挽输出级提供相位相反的对称推动信号。输出变压器的初级与功率放大器输出端相接,次级接负载,从而得到与负载相匹配的阻抗,使功率放大器的输出效率最高。

2.4　开关及接插件

开关及接插件是指利用机械力或电信号的作用完成电气接通、断开等功能的元件。这类元件串联在电路中连接各个系统或电路模块,其质量和可靠性将直接影响整个电子系统及设备的质量和可靠性,其中最突出的是接触可靠性。接触不可靠,不仅会影响信号和电能的正常传送,而且也是电路噪声的主要来源之一。

2.4.1　开关与继电器

1. 开关的种类

开关是接通或断开电路的一种广义功能元件,大多数是手动机械式结构。由于构造简单、操作方便、价廉可靠,应用十分广泛。随着新技术的发展,各种非机械结构的电子开关不断出现,这里简要介绍几种机械类开关及电路控制开关——继电器。

机械开关的种类很多,按照机械动作的方式可分为旋转式开关、按动式开关和拨动式开关,按照结构和工作原理,主要分为单刀开关、多刀开关、单刀多掷开关、多刀多掷开关等。

2. 开关主要参数

1)额定电压

指开关在正常工作状态下可以承受的最大电压,对交流电源开关则指交流电压有效值。

2)额定电流

指正常工作时开关所允许通过的最大电流,在交流电路中指交流电流有效值。

3)接触电阻

指开关接通时,相同的两个接点之间的电阻值。此值越小越好,一般开关接触电阻应小于 20 mΩ。

4）绝缘电阻

指开关不相接触的各导电部分之间的电阻值。此值越大越好，一般开关在100 MΩ 以上。

5）耐压

也称抗电强度，指开关不相接触的导体之间所能承受的电压值。一般开关耐压大于 100 V，对电源开关而言，要求耐压不小于 500 V。

6）工作寿命

指开关在正常工作条件下的使用次数，一般开关为 5000～10000 次，要求较高的开关可达 $5×10^4$～$5×10^5$ 次。

3. 常用开关

常用开关有波段开关、按键开关、钮子开关、拨动开关和直键开关等，其外形如图 2.20 所示。

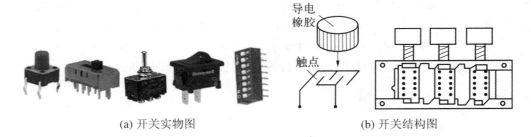

(a) 开关实物图   (b) 开关结构图

图 2.20 常用开关

4. 继电器

继电器是一种常见的、利用小电流去控制高电压或大电流的自动控制开关元件，它在电路中起着自动调节、自动操作、安全保护和检测机器运转等作用，其实物及电路符号如图 2.21 所示。

(a) 继电器实物图   (b) 继电器符号

图 2.21 继电器实物及符号

1) 继电器的主要技术参数

为了恰当地选用继电器,了解继电器的主要参数是很重要的。同一继电器型号中有很多规格代号,它们的各项参数都不相同,其主要参数有:

(1) 额定工作电压。指继电器正常工作时线圈需要的电压。可以是交流电压,也可以是直流电压,随型号的不同而不同。为使每种型号的继电器能在不同的电压电路中使用,每一种型号的继电器都有几种额定工作电压供选择。如 JRX-13F 型继电器,其额定工作电压有 12 V、24 V、48 V 等多种。

(2) 直流电阻。指线圈的直流电阻,可以通过万用表欧姆挡进行测量。

(3) 吸合电流。指继电器能够产生吸合动作的最小电流。在使用时给定的电流必须略大于吸合电流,继电器才能可靠地工作。为保证可靠地吸合动作,必须给线圈加上额定或略高于额定(不超过额定 1.5 倍)的工作电压,否则有可能烧毁继电器的线圈。

(4) 释放电流。指继电器产生释放动作的最大电流。当继电器在吸合状态下电流减小到一定程度时,继电器恢复到未通电的释放状态,这个时候的电流比吸合电流小很多。

(5) 触点切换电压和电流。指继电器允许加载的电压和电流。它决定了继电器能控制电压和电流的大小,如果电压或电流过大,则很容易损坏继电器的触点。

2) 继电器的种类

继电器种类很多,通常将继电器分为电磁继电器、舌簧继电器、时间继电器及固体继电器等,以下主要介绍电磁式继电器和固体继电器。

(1) 电磁式继电器。

电磁式继电器是各种继电器的基础,使用率最高,主要由铁芯、线圈、动触点、动断静触点、动合静触点、衔铁、返回弹簧(或簧片)等部分组成,其结构如图2.22 所示。线圈未加电流时,动触点 4 与常闭静触点 7 接触,当线圈有电流时产生磁场,克服了弹簧引力,衔铁被吸下,动触点 4 与常开静触点 8 接触,实现电路切换。

(2) 固态继电器。

固态继电器是指由固态电子元件组成的无触点开关,简称 SSR(solid state relay的缩写)。它问世于 20 世纪 70 年代初,和电磁式、干簧式继电器相比,它体积小、开关速度快、无触点、寿命长、耐振、无噪声、安装位置无限制、易于用绝缘防水材料灌成全密封式,具有良好的防潮防腐蚀性能,防爆和防止臭氧污染性能极佳。随着科学技术的发展,固态继电器应用越来越广泛。固态继电器的工作分为交流和直流两种,交流 SSR 分为过零型和非过零型两种,目前应用最广泛的是过零型。直流 SSR 根据输出分为两端型和三端型两种,两端型应用较多。

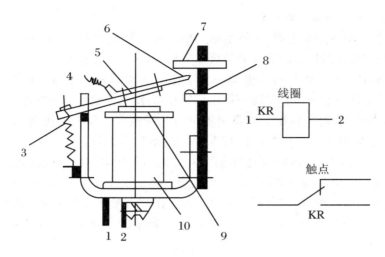

图 2.22 典型电磁继电器内部结构图

1、2、10-线圈;3-返回弹簧;4、6-动触点;5-衔铁;7-常闭静触点;8-常开静触点;9-铁芯

图 2.23 是一种交流过零 SSR 原理图,它由光电耦合输入、触发电路、过零控制电路、吸收电路和双向可控硅开关输出电路五部分组成。"过零控制电路"主要由 R_5 等构成,它的作用是保证触发电路在有输入信号和开关器件两端交流电压过零点附近触发开关器件导通,而在零电流处关断,从而把通断瞬间的峰值和干扰都降到最低,减少对电网的污染。吸收电路一般是用 RC 串联吸收电路(或非线性电阻),目的是防止从电网传来的尖峰及浪涌电压对开关器体的冲击和干扰。

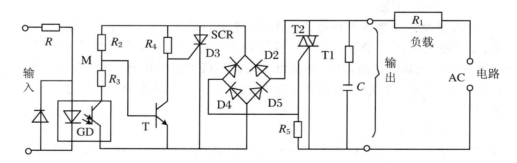

图 2.23 交流 SSR 电路原理图

3)继电器的选用

继电器的参数很多,必须根据实际电路选择合适的继电器,选用时应考虑:

(1)线圈工作电压是直流还是交流,电压大小是否适合电路工作电压。

(2)线圈工作所需功率与实际需要切换的触发驱动控制电路所输出的功率

是否相当。

（3）受控触点数量必须根据受控电路需要切换的触点数量来选择,触点允许最大电流必须大于受控电路工作电流的 1.5～2 倍。

（4）继电器吸合时,若受控电路是闭合的,则把常开触点与动触点接入电路。若是断开的,则把常闭触点与动触点接入电路。若用于电路转换,则要全部接入电路。

（5）对于直流型 SSR,若是电感性负载,应在感性负载两端并联二极管。二极管的电流应等于工作电流,耐压应为工作电压的四倍以上,且 SSR 应尽量靠近负载。

（6）对交流型 SSR,有的厂家已将 RC 吸收电路制作在 SSR 中,否则可根据要求选配。对于感性负载应再加压敏电阻,压敏电阻的标称工作电压值可按 SSR 额定工作电压的 1.7～1.9 倍选取。

（7）额定工作电流较大时应将 SSR 安装上散热片,以保证连续工作的温度低于 70 ℃。一般 15 A 以上的 SSR 应加散热片,例如 15 A 220 V 的 SSR,其散热片应大于 3 mm×80 mm×80 mm。

2.4.2　接插件

1. 接插件的分类

接插件是电子产品中用于电气连接的一类机电元件,使用十分广泛。习惯上,常按照接插件的工作频率和外形结构特征来分类,可分为低频接插件和高频接插件。低频接插件是指适合在 100 MHz 频率以下工作的接插件;而适合在 100 MHz 频率以上工作的接插件称为高频接插件,它在结构上需要考虑高频电场的泄漏、反射等问题,一般采用同轴结构,以便与同轴电缆连接,所以称为同轴连接器。

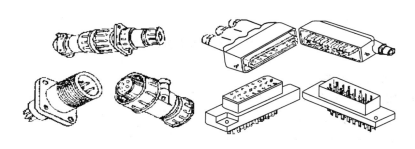

图 2.24　圆形和矩形接插件

按外形结构特征分类,常见的有圆形接插件、矩形接插件、条形接插件等,如图 2.24 所示。

2. 接插件的主要参数

普通低频接插件的技术参数与开关相同,主要由额定电压、电流及接触电阻来衡量。同轴连接器及光纤光缆连接器则有阻抗特性及光学性能等参数,可参考专门资料。

3. 常用接插件

常用接插件有圆形接插件、矩形接插件、印制板接插件、D 型接插件、带状电缆接插件、条形接插件、插针式接插件,等等。

2.5　半导体分立器件

2.5.1　晶体二极管

晶体二极管是一种用途很广的半导体元件,内部结构实际上就是一个 PN 结,再加上相应的正负极引线,用玻璃、塑料或者金属管壳封装而成的,其实物图和电路符号如图 2.25 所示。它是一种非线性元件,具有单方向导电性,因此常用它作为整流和检波元件。

(a) 二极管实物图　　　　　　　　　　　　　　(b) 二极管符号

图 2.25　二极管实物图及符号

1. 二极管的分类

(1) 按用途来分有普通二极管,如 2AP1～2AP9,2CP1～2CP20 等用于检波、鉴频、限幅等;整流二极管,如 2CZ11～2CZ27 等用于不同功率的整流;开关二极管,如 2AK1～2AK4 等,多用于电子计算机、脉冲控制、开关电路中;稳压二极管,如 2CW1～2CW10 等,用于各种稳压电路中。

(2) 根据结构不同可分为点接触型,允许通过的电流小,主要用于小电流整流和高频检波、鉴频、限幅等;面接触型,允许通过大电流,多用在低频整流电路中。

(3) 根据所用材料不同二极管有锗管和硅管两种。锗管是由锗半导体材料制成的,它的起始导通电压小(约 0.2 V),适合作成点接触型,因此适用于小信号检波。硅管由硅半导体材料制成,起始导通电压较大(约 0.6 V),可作成不同用途的二极管,适合于信号较强的电路中,如整流和开关等大信号场合。

（4）按封装材料来分,有玻璃管壳、金属管壳、塑料管壳和环氧树脂管壳等多种。工作电流较大的一般采用金属管壳,体积较小的检波管一般采用玻璃管壳。由于二极管种类很多,为方便使用,往往将符号或标记印在管壳上。

2. 二极管主要技术参数

用来表明二极管主要性能的数据,叫二极管的参数,是选用二极管的主要依据。

（1）最大允许电流:长期安全工作,允许通过的最大正向电流值,如果超过额定值使用,二极管发热严重,就会烧坏 PN 结,二极管很快损坏。

（2）最高反向工作电压:指允许加在二极管上的反向电压的最大值。如果超过此值,管子就有击穿的危险,它反映了二极管反向电压的承受能力。

2.5.2　发光二极管

1. 发光二极管的符号与外形

发光二极管(LED)是一种电子发光的半导体器件,其外形和图形符号如图2.26所示。与普通二极管相似,它也具有单向导电性,将发光二极管正向接入电路时才能导通发光,而反向接入电路时则截止不发光。发光二极管与普通二极管的根本区别是前者能将电能转换成光能,且其管压降比普通二极管的要大。

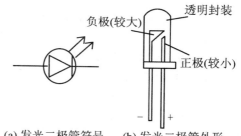

(a) 发光二极管符号　　(b) 发光二极管外形

图 2.26　发光二极管符号与外形

2. 发光二极管的特点

发光二极管有以下几个显著特点:

（1）能在低电压下工作,适用于低压小型化电路。例如,常用的红色发光二极管的正向工作电压 U_F 的典型值为 2 V;绿色发光二极管的正向工作电压 U_F 的典型值约为 2.2 V。

（2）比较小的电流即可得到高亮度,随着电流的增大亮度趋于增大,且亮度可根据工作电流的大小在较大范围内变化,但光的波长几乎不变。

（3）所需的驱动电路简单,用集成电路或晶体管均可直接驱动。

（4）体积小、可靠性高、功耗低、耐振动和冲击性能好。

为防止电源电压波动引起过电流而损坏发光二极管,使用时,必须在电路中串联保护电阻。发光二极管的工作电流决定着它的发光亮度,一般当电流达 1 mA 时点亮,随着电流的增加亮度不断增大,当电流大于 5 mA 以后,亮度不再显著增大。发光二极管的极限电流一般为 20~30 mA,超过此值将导致发光二极管烧毁,所以,工作电流应该选在 5~20 mA 范围内。

2.5.3　光敏二极管

1. 光敏二极管的性能特点

光敏二极管是一种光电转换的光敏器件,在一定条件下,可以把光能转变成电能,外形与发光二极管相似,管壳上开有一个透明的窗口,光线能透过该窗口照射到 PN 结上,以改变其工作状态。

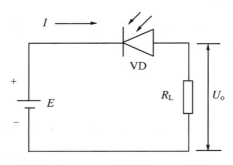

图 2.27　光敏二极管典型工作电路

光敏二极管的典型工作电路如图 2.27所示,工作电压 E 反向加在光敏二极管的两端,在没有光线照射时,光敏二极管 VD 的反向电流 I 极小,所以在负载电阻 R_L 上的电压 $U_o = I \times R_L$ 也极小;当有光线照射时,光敏二极管 VD 的反向电流明显增大,且随光照强度的变化而变化。与此同时,输出电压 U_o 也增大,并随光照强度的变化而变化。这就是光敏二极管的光电转换特性。

2. 光敏二极管的主要参数

光敏二极管有如下几项主要参数。

1）最高工作电压 U_{MAX}

U_{MAX} 是指在没有光线照射且反向电流不超过规定值(一般为 0.1 μA)的情况下,允许加在光敏二极管上的反向电压值,此值通常在 10~50 V 范围内。

2）暗电流 I_D

I_D 是指在光线照射的情况下,给光敏二极管加上正常工作电压时的反向漏电流,要求此值越小越好,一般小于 0.5 μA。

3）光电流 I_L

I_L 是指在加有正常反向工作电压的情况下,当受到一定光线照射时,光敏二极管中所流过的电流,一般为几十微安。

2.5.4　红外发光二极管

1. 红外发光二极管

红外发光二极管是一种能把电能直接转换成红外光能的发光器件,广泛应用于红外线遥控系统中的发射电路。因其在电路中的作用是将红外光辐射到空间中去,所以也称为红外发光二极管。红外发光二极管是用砷化镓(GaAs)材料制成,也具有半导体 PN 结。其制造工艺和结构形式有多种,通常使用折射率较大的环氧树脂封装,目的是提高发光效率,其外形如图 2.28 所示。

2. 红外发光二极管的性能特点

红外发光二极管的峰值波长为 950 nm 左右,其指向特性曲线如图 2.29 所示。它是根据自发辐射机理工作的,其特点是电流与光输出特性较好,生产和使用都较简便,适合短距离、小容量和模拟调制系统中使用。

图 2.28　红外发光二极管的外形

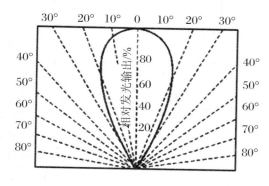

图 2.29　红外发光二极管的指向特性曲线

2.5.5　晶体三极管

晶体三极管是电子电路中的重要元件,它是在两个做在一起的 PN 结上引出电极引线及封装组成,其实物图及电路符号如图 2.30 所示。三极管最基本的特点是具有放大作用,用它可以组成高频、低频放大电路、振荡电路,广泛地应用在节能灯、电视机、稳压电源和其他各种电子设备中。

(a) 三极管实物图　　　　　　　　　(b) 三极管电路符号

图 2.30　三极管实物图及电路符号

1. 三极管器件命名法

1）中国三极管命名法

根据中华人民共和国国家标准,三极管器件命名方法由五部分组成,前三部分如表 2.7 所示,第四部分用数字表示器件序号,第五部分用汉语拼音字母表示规格号。例如 3AD50C,表示锗材料 PNP 型大功率三极管;3DG201B,表示硅材料 NPN 型高频小功率三极管。

表 2.7　半导体器件的型号前三部分组成

第一部分		第二部分		第三部分	
用数字表示器件的电极数目		用汉语拼音字母表示器件的材料和极性		用汉语拼音字母表示器件类别	
符号	意义	符号	意义	符号	意义
2	二极管	A	N 型　　锗材料	P	普通管
3	三极管	B	P 型　　锗材料	V	微波管
		C	N 型　　硅材料	W	稳压管
		D	P 型　　硅材料	C	参量管
		A	PNP 型　锗材料	Z	整流管
		B	NPN 型　锗材料	L	整流堆
		C	PNP 型　硅材料	S	隧道管
		D	NPN 型　硅材料	N	阻尼管
		E	化合物材料	U	光电器件
				K	开关管
				X	低频小功率管
				G	高频小功率管
				D	低频大功率管
				A	高频大功率管
				T	可控整流器
				Y	体效应器件
				B	雪崩管
				J	阶跃恢复管

2）美国三极管命名法

美国晶体管或其他半导体器件的型号命名法较混乱。这里介绍的是美国晶体管标准型号命名法,即美国电子工作协会(EIA)规定的晶体管分立器件型号的命名法,如表 2.8 所示。由于命名不能反应器件的性能,因此即使序号相邻的两器件可能特性相差很大,例如,2N3464 为硅 NPN 高频大功率管,而 2N3465 为 N 沟道场效应管。

表 2.8　美国电子工业协会半导体器件型号命名法

第一部分		第二部分		第三部分		第四部分		第五部分	
用符号表示用途的类别		用数字表示 PN 结的数目		美国电子工业协会注册标志		美国电子工业协会登记顺序号		用字母表示器件分挡	
符号	意义	符号	意义	符号	意义	符号	意义	符号	意义
JAN 或 J	军用品	1	二极管	N	该器件已在美国电子工业协会登记的顺序号	多为数字	该器件已在美国电子工业协会登记的顺序号	A B C D	同一型号的不同挡别
		2	三极管						
无	非军用品	3	三个 PN 结器件						
		n	n 个 PN 结器件						

2. 三极管的分类

晶体管的种类很多,它们的体积有大有小,外形各不相同。分类方法也很多,按其材料可分为锗管和硅管;按其工艺、结构可分为点接触型、面接触型和平面型等,但是最常用的分类方法是从应用角度分类。

(1) 依工作频率高低分为低频三极管,如 3AX、3CX、3BX、3DD 系列等;高频三极管,如 3AG、3CG、3DG、3AA 系列等。

(2) 依消耗功率大小分为小功率、中功率和大功率三极管。

(3) 依封装形式分为金属封装、玻璃封装、塑料封装以及表面封装等。塑封管是近年来发展迅速的一种新型晶体管,得到广泛应用。常见的塑封管有 3DX204、3DG201 - 204、3DD206、3DX815 以及 9000 系列等型号。

(4) 依导电特性(材料极性不同)分为 PNP 型和 NPN 型。每种分类方法下的三极管又有很多具体型号,在使用中,可根据晶体管的具体型号查阅《晶体管特性手册》去了解其相应技术参数。

3. 主要技术参数

晶体管的参数是用来表示晶体管性能和适用范围的,选用的晶体管,都要以这些数据作为依据。晶体管的参数很多,这里只介绍主要参数。

1) 电流放大系数 β 和 $\bar{\beta}$

电流放大系数是用来表示晶体三极管放大能力的,根据工作状态不同,有直流和交流两种,分别用β和β表示。

①β:静态情况下(即外加电压不变化的情况下),晶体管的电流放大系数;

②β:动态情况下(即接有交流信号源的情况下),晶体管的电流放大系数。

β值和β值很相近,常用β代替β。晶体管的β值在 I_c 很小或很大时都比较小,但在 I_c 为 1 mA 以上相当大的范围内,小功率管的β值都比较大而且基本上数值不变,一般在 20～200 之间。制造厂常用红、黄、绿、蓝、白等五种色标打印在管壳上,依次表示管子由低到高的不同β值。

2) 三极管的极间反向电流

(1) 集电极反向饱和电流 I_{cbo}:是当发射极开路时集电结加反向电压时的反向电流, I_{cbo} 的大小标志着晶体管质量的好坏,是表示热稳定性的主要参数。良好的晶体管 I_{cbo} 应该很小。

(2) 穿透电流 I_{ceo}:是指基极开路时,在 c-e 之间加反向电压时的反向电流,它与 I_{cbo} 的关系是 $I_{ceo} = (1+β)I_{cbo}$。当然 I_{cbo} 和 I_{ceo} 都是越小越好。

3) 极限参数

应用管子还必须了解它能安全工作的界限就是为了保证晶体管正常工作而规定的最大允许数据。

(1) 集电极最大允许电流 I_{CM}:当工作电流 I_c 超过 I_{CM} 时,虽不使管子立即烧坏,但管子的特性将变坏,如β显著减小。

(2) 集电极-发射极间最大允许反向电压(击穿电压) B_{vceo}:若工作电压 U_{ce} 超过 B_{vceo} 时, I_c 将急剧增大,管子由于击穿而毁坏。

(3) 集电极最大允许耗散功率 P_{CM}:晶体管工作时虽然 I_c 小于 I_{CM}, U_{ce} 小于 B_{vceo},但若造成 I_cU_{ce} 大于 P_{CM},管子仍将烧毁。因此在使用中应根据 P_{CM} 的值控制 I_c 和 U_{ceo}。

2.5.6　场效应管

场效应管是利用电压所产生的电场强弱来控制导电沟道的宽窄(即电流的大小),实现放大作用的。按结构的不同,可分为结型场效应管(JFET)和绝缘栅场效应管(MOSFET)。它们都有 N 型和 P 型两种导电沟道,分别以耗尽型和增强型两种极性相反的方式工作。当栅压为零时有较大漏极电流的工作方式,称为耗尽型;当栅压为零时,漏极电流也为零,必须再加一定的栅压后才能产生漏极电流的工作方式,称为增强型。

场效应晶体管,简称场效应管,是一种电压控制元件,具有输入阻抗高、噪声低、动态范围大、抗干扰、抗辐射能力强等特点,是较理想的电压放大元件和开关元件。

1. 场效应晶体管的分类

1）结型场效应管

图 2.31(a)所示为结型场效应管的电路符号。沟道的表示方法与普通三极管的基极相似,漏极、源极从沟道上、下对称引出,表示两极可以互换。这种结型场效应管只有在接入电路时才能区分源极、漏极。一般电路中,漏极 D 在沟道顶部、源极 S 在沟道底部。箭头表示栅极,同普通三极管一样,箭头指向表示从 P 型指向 N 型材料。所以,图 2.31(a)中的右图箭头指向沟道,即为 N 型沟道结型场效应管,这类管子有 3DJ1-3DJ9 系列;图 2.31(a)中的左图箭头背离沟道,即为 P 型沟道结型场效应管。

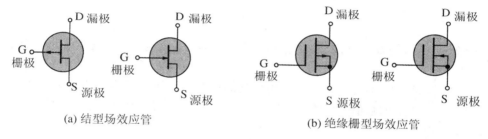

(a) 结型场效应管　　　　　　　　(b) 绝缘栅型场效应管

图 2.31　场效应管的电路符号

2）绝缘栅型场效应管

绝缘栅型场效应管是一种单极型半导体器件,其基本功能是用栅、源极间电压控制漏极电流,具有输入电阻高、噪声低、热稳定性好、耗电省等优点,其电路符号如图 2.31(b)所示。

2. 场效应晶体管的技术参数

1）直流参数

(1) 夹断电压 U_P:指在 u_{DS} 固定时,使耗尽型场效应管(JFET、MOSFET)漏极电流减小到某一微小值(测试使用 $i_D \approx 1\ \mu A$)时的栅源电压值。

(2) 开启电压 U_{TH}:指在 u_{DS} 固定时,使增强型场效应管开始导电的栅源电压值。

(3) 饱和漏极电流 I_{DSS}:在 $u_{GS} = 0$ V 的情况下,对于耗尽型场效应管,当 $u_{DS} > |U_P|$ 时的 i_D 值。通常规定 $u_{GS} = 0$ V,$u_{DS} = 10$ V 时测出的漏极电流为饱和电流 I_{DSS}。

(4) 直流输入电阻 R_{GS}:漏极与源极短路时栅极直流电压 U_{GS} 与栅极直流电流 I_G 的比值为直流输入电阻 R_{GS}。JFET 的直流输入电阻通常在 $10^8 \sim 10^{12}\ \Omega$ 之间,绝缘栅场效应管的直流输入电阻在 $10^{10} \sim 10^{15}\ \Omega$ 之间。

2）交流参数

（1）跨导 g_m：指在 u_{DS} 为常数时，漏极电流的微变量与栅源电压的微变量的比值，即

$$g_m = \frac{\mathrm{d}i_D}{\mathrm{d}u_{GS}}\bigg|_{u_{DS}=常数}$$

跨导的单位为西门子（S）。跨导的大小反映栅源电压 u_{GS} 对漏极电流 i_D 控制能力的强弱。由于转移特性为非线性特性，所以 g_m 的大小与工作点的位置密切相关。在知道工作点后，g_m 即可求得。

（2）输出电阻 r_{DS}：指在恒流区，当 u_{GS} 为常数时，u_{DS} 的增量与 i_D 的增量之比，即

$$r_{DS} = \frac{\mathrm{d}u_{DS}}{\mathrm{d}i_D}\bigg|_{u_{GS}=常数}$$

在放大区，场效应管的输出特性曲线越平坦，r_{ds} 就越大，一般在几十至几百千欧。

（3）极间电容：场效应管的三个电极之间存在着极间电容，即 C_{GS}、C_{DG} 和 C_{DS}。其中，C_{GS} 和 C_{DG} 的数值一般为 1～3 pF，C_{DS} 为 0.1～1 pF。管子在高频应用时，要考虑极间电容的影响。

3）极限参数

（1）栅源击穿电压 B_{UGS}：指栅极与沟道之间的 PN 结反向击穿时的栅源电压。

（2）漏源击穿电压 B_{UDS}：指使 PN 结发生雪崩击穿，i_D 开始急剧上升时的 u_{DS} 值。由于加到栅源之间 PN 结上的反向偏压为 u_{GS}，所以 u_{GS} 越负，B_{UDS} 越小。

（3）最大漏极电流 I_{DM}：指管子的最大允许工作电流。

（4）最大功耗 P_{DM}：指管子在正常工作时允许的最大功率损耗。

3. 场效应管与晶体三极管的比较

场效应管与三极管相比，存在着以下不同之处。

（1）场效应管是利用多数载流子导电的器件，成为单极型半导体，温度性能较好，并具有零温度系数工作点；而三极管由于有少数载流子参与导电，其温度特性较差。

（2）场效应管是电压控制器件，输入电阻很高；而晶体三极管为电流控制器件，输入电阻较低。

（3）正常工作时，晶体三极管的发射极和集电极不能互换，而场效应管的源极和漏极可以互换，当然衬底与源极在管内短接和增加了二极管保护电路的情况除外。

（4）场效应管在小电压的条件下工作时，即工作在可变电阻区，可以等效为一受栅压控制的可变电阻器，被广泛用于自动增益控制和电压控制衰减器等场合中。

（5）BJT 具有跨导大、电压增益高、非线性失真小、性能稳定等优点,在分离元件电路和小规模集成电路中占有优势。

此外,BJT、JFET 和 MOSFET 三者相比有以下两点结论:

（1）在噪声方面 JFET 最低,MOSFET 次之,BJT 最差。

（2）在功耗方面,MOSFET 功耗最低、JFET 次之、BJT 最高,且由于 MOSFET 便于集成,故 MOSFET 适合制造成大规模、超大规模集成电路。

2.5.7 晶闸管

1. 晶闸管的结构及外形

晶闸管又称可控硅,因其导通压降小、功率大、易于控制、耐用,所以常用于各种整流电路、调压电路和大功率自动化控制电路上。单向晶闸管只能导通直流,且控制极 G 需加正向脉冲导通,若需要其截止则必须接地或加负脉冲。双向晶闸管可导通交流和直流,只要在控制极 G 加入相应的控制电压即可。晶闸管有三个电极:阳极 A、阴极 K 和控制极 G。晶闸管的内部结构如图 2.32 所示。

晶闸管由 P 型和 N 型半导体四层交替叠合而成,具有三个 PN 结,由端面 N 层半导体引出阴极 K,由中间 P 层半导体引出控制极 G,由端面 P 层半导体引出阳极 A,图 2.33 是晶闸管的外形及符号。

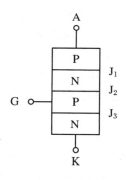

图 2.32 单向晶闸管结构图

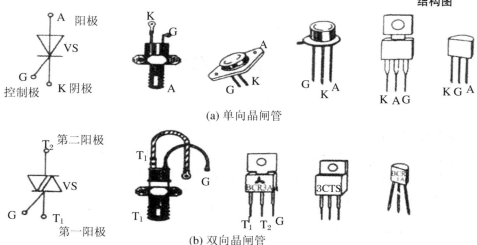

(a) 单向晶闸管

(b) 双向晶闸管

图 2.33 晶闸管外形及符号

2. 晶闸管的主要参数

（1）正向转折电压：正向转折电压 U_{BK} 是指在控制极 G 断路时，晶闸管从正向阻断状态转向正向导通状态时的电压值。

（2）反向击穿电压：反向击穿电压 U_{BR} 是指在晶闸管的控制极 G 断路的情况下，加于反向的最大峰值电压，超过此值，晶闸管就会被击穿。此值规定为反向漏电电流急剧增大、反向特性曲线开始弯曲时的电压值。

（3）维持电流：维持电流 I 是指在控制极断路、规定环境温度和晶闸管导通的条件下，能使晶闸管维持通态所必需的最小正向电流。

（4）控制极触发电压和触发电流：控制极触发电压 U_{GD} 和触发电流 I_{GD} 是指在规定的环境温度下，使晶闸管导通时所必需的最小控制直流电压和直流电流值。一般规定，$U_{GD} < 10\ \text{V}$，$I_{GD} < 1\ \text{A}$，这是为了保护控制极免受损坏的一个措施。

（5）额定结温：额定结温是指晶闸管正常工作时，所能允许的最高温度。当晶闸管工作在额定温度下，它的一切与此相关的其他参数都能得到保证。

（6）断态电压临界上升率：断态电压临界上升率 $\mathrm{d}u/\mathrm{d}t$ 是指在额定结温、正向阻断和控制极开路的情况下，晶闸管所能允许的最大正向电压上升率（即在单位时间内，所能允许上升的正向电压值）。

（7）通态电流临界上升率：通态电流临界上升率 $\mathrm{d}i/\mathrm{d}t$ 是指在规定的条件下，晶闸管所能承受的而不导致被损坏的最大正向电流上升率。实际上，由于晶闸管在制造过程中的分散性，同一批产品的性能差别可能很大，因此使用时，定量地掌握其参数是很重要的。

2.6　集　成　电　路

集成电路是将电路有源器件（二极管、三极管、场效应管等）和无源元件（电阻器、电容器）以及连线等制作在基片上，形成一个具备一定功能的完整电路，并封装在特制的外壳中而制成的。它具有体积小、重量轻、功耗小、性能好、可靠性高、电路稳定等优点，被广泛用于电子产品中。

2.6.1　集成电路分类

集成电路有多种分类方法，按照集成电路的制造工艺分类，可以分为半导体集成电路、薄膜集成电路、厚膜集成电路和混合集成电路。用平面工艺（氧化、光刻、扩散、外延工艺)在半导体晶片上制成的电路称为半导体集成电路(也称单片集成电路)。用厚膜工艺(真空蒸发、溅射)或薄膜工艺(丝网印刷、烧结)将电阻、电容等无源元件连接制作在同一片绝缘衬底上,再焊接上晶体管管芯,使其具有特定的功能,叫作厚膜或薄膜集成电路。如果再装焊上单片集成电路,则称为混合集成电路。

目前使用最多的是半导体集成电路。它按有源器件分类:双极型、MOS 型和双极 MOS 型集成电路;按集成度分类:有小规模(集成了几个门或几十个元件)、中规模(集成了一百个门或几百个元件以上)、大规模(集成一万个门或十万个元件以上)集成电路;按照功能分类,有数字集成电路和模拟集成电路两大类。

1. 数字集成电路

数字电路是能够传输"0"和"1"两种状态信息并完成逻辑运算的电路。与模拟电路相比,数字电路的工作形式简单、种类较少、通用性强、对元器件的精度要求不高。数字电路中最基本的逻辑关系有"与"、"或"、"非"三种,再由它们组合成各类门电路和某一特定功能的逻辑电路,如触发器、计数器、寄存器、译码器等。按照逻辑电平的定义,数字电路分为正逻辑和负逻辑两种。正逻辑是用"1"状态表示高电平,"0"状态表示低电平,而负逻辑则与其相反,用双极性晶极管或 MOS 场效应晶体管作为核心器件,可以分别制成双极型数字集成电路或 MOS 场效应数字集成电路。常用的双极性数字集成电路有 54××、74××、74LS×× 系列;常用的 CMOS 场效应数字集成电路有 4000、74HC×× 系列等。

2. 模拟集成电路

除了数字集成电路,其余的集成电路统称为模拟集成电路。模拟集成电路的精度高、种类多、通用性小。按照电路输入信号和输出信号的关系,模拟集成电路还分为线性集成电路和非线性集成电路。

线性集成电路:指输出、输入信号呈线性关系的集成电路。最常见的是各类运算放大器,根据功能分为通用型和专用型。

非线性集成电路:非线性集成电路大多是专用集成电路,其输入、输出信号通常是模拟－数字、交流－直流、高频－低频、正负极性信号的混合,很难用某种模式统一起来。例如,用于通信设备的混频器、振荡器、检波器、鉴频器、鉴相器,用于工业检测控制的模-数隔离放大器、交－直流变换器,稳压电路及各种消费类家用电器中的专用集成电路等。

2.6.2　集成电路封装与引脚识别

常见集成电路封装形式及引脚排列如图 2.34 所示。

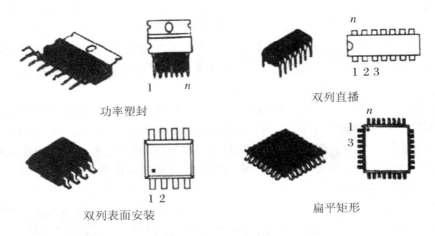

功率塑封

双列直播

双列表面安装

扁平矩形

图 2.34　集成电路引脚与封装

2.6.3　集成电路使用注意事项

1. 工艺筛选

工艺筛选的目的,在于将一些可能早期失效的电路及时淘汰出来,保证整机产品的可靠性。由于从正常渠道供货的集成电路在出厂前都要进行多项筛选试验,所以可靠性通常都是很高的,用户在一般情况下也就不需要进行老化或筛选了。问题在于,近年来常有一些从非正常渠道进货的次品鱼目混珠。所以,实行了科学质量管理的企业,都把元器件的使用筛选作为整机产品生产的第一道工序。特别是那些对于设备及系统的可靠性要求很高的产品,更必须对其元器件进行使用筛选。

事实上,每一种集成电路都有多项技术指标,而对于使用这种集成电路的具体产品,往往并不需要用到它的全部功能以及技术指标的极限。这样,就为元器件的使用筛选留出了很宽的余地。有经验的电子工程技术人员都知道,对廉价元器件进行关键指标的使用筛选,既可以保证产品的可靠性,也有利于降低产品的成本。

2. 正确使用

(1) 在使用集成电路时,其负荷不允许超过极限值;当电源电压变化不超出额定值 ±10% 的范围时,集成电路的电气参数应符合规定标准;在接通或断开电源的瞬间,不得有高电压产生,否则将会击穿集成电路。

(2) 输入信号的电平不得超出集成电路电源电压的范围(即输入信号的上限不得高于电源电压的上限,输入信号的下限不得低于电源电压的下限,对于单个正电源供电的集成电路,输入电平不得为负值)。必要时,应在集成电路的输入端增加输入信号电子转换电路。

（3）一般情况下，数字集成电路的多余输入端不允许悬空，否则容易造成逻辑错误。"与门"、"与非门"的多余输入端应该接电源正端，"或门"、"或非门"的多余输入端应该接地（或电源负端）。也可以把几个输入端并联起来，不过这样会增大前级电路的驱动电流，影响前级的负载能力。

（4）使用模拟集成电路前要仔细查阅它的技术说明书和典型应用电路，特别注意外围元件的配置，保证工作电路符合规范。对线性放大集成电路，要注意调零，防止信号堵塞，消除自激振荡。

（5）对于 MOS 集成电路，要特别防止栅极静电感应击穿，一切测试仪器（特别是信号发生器和交流测量仪器）、电烙铁以及线路本身，均须良好接地。当 MOS 电路的源－漏电压加载时，若栅极输入端悬空，很容易因静电感应造成击穿，损坏集成电路。对于使用机械开关转换输入状态的电路，为避免输入端在拨动开关时瞬间悬空，应该在输入端接一个几十千欧的电阻到电源正极（或负极）上。此外，在存储 MOS 集成电路时，必须将其收藏在金属盒内或用金属箔包装起来，防止外界电场将栅极击穿。

2.7　表面贴装元件

2.7.1　表面贴装电阻器

表面贴装电阻器属于无源元器件，是表面贴装元器件中应用最广泛的元器件之一。常用的表面贴装电阻器有矩形电阻器、圆柱形电阻器、取样电阻器、跨接线电阻器、贴片排阻、半可调电位器等。

1. 矩形电阻器

矩形电阻器是采用厚膜技术或薄膜技术制造的电阻和电极，它是在一个高铝瓷基板上用蒸发的方式形成一层电阻膜层，并在电阻膜层上面再敷加一层用玻璃或环氧树脂制成的保护膜，两端夹以引线电极。按电阻材料不同，矩形电阻器可分为薄膜型（RN）和厚膜型（RK）。矩形薄膜型电阻器精度高、稳定性好，适用于精密和高频产品，而矩形厚膜型电阻器应用较广泛。

2. 表面贴装电阻器的识别

表面贴装电阻器的电阻值一般用 3 或 4 位数字代码直接标注在电阻上，3 位数字代码中的前 2 位或 4 位数字代码中的前 3 位表示阻值的有效数，最后一位表示

有效数后零的个数。当阻值小于 10 Ω 时,数字代码中的 R 表示小数点。例如:
7R2 = 7.20;0R82 或 R82 = 0.82;220 = 22;331 = 330。

　　贴装电阻器的尺寸一般用 4 位数字表示,有英制和公制两种单位表示方法。不同尺寸的电阻器,其额定功率、最大工作电压、工作温度范围有所不同。例如0805 英制与 2012 公制表示的是同一个矩形电阻器的尺寸:

　　0805 表示长为 0.08 in,宽为 0.05 in(英制代码)。

　　2012 表示长为 2.0 mm,宽为 1.2 mm(公制代码)。

2.7.2　表面贴装电容器

　　表面贴装电容器也是无源元器件,有数百种型号,常用的有多层陶瓷电容器、圆柱形电容器、薄膜电容器、云母电容器、电解电容器、微调电容器等。

1. 多层陶瓷电容器

　　多层陶瓷电容器是表面贴装电容器中使用量最大、发展最快的一种电容器。陶瓷介质是根据不同的电性能参数由专门配制而成的陶瓷材料组成的。在电容器内部,根据不同电容量的需要,采用交替层叠的形式,组成多层内部电极,少的 2~3 层,多的有数十层。根据不同陶瓷介电体的温度,内部电极一般由 Pb、Pt、Au、Ag、Ni、Fe、Cu 等重金属制成。由于陶瓷介质和内部电极经高温烧结成一个整体,因此多层陶瓷电容器又称为独石电容器。不同的介质材料可以制成不同容量和温度特性的电容器,其中氧化钛材料温度系数最小;钛酸钡材料温度系数最大,因此该材料适合用于制作容量较大的电容器。多层陶瓷电容器的外形尺寸也是用 4 位数字表示的,如图 2.35 所示,与电阻表示意义相同。

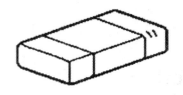

图 2.35　表面贴装电容器外形

2. 电解电容器

　　电解电容器的代码通常由一个字母和三个数字组成,用于表示容量和额定工作电压。字母表示电解电容器的额定工作电压,数字表示容量,单位为 pF。数字中第一、第二个数字表示有效数,最后一位数字表示有效数后零的个数,其字母所对应的额定工作电压见表 2.9 所示。

　　1) 铝电解电容器

　　将用电解腐蚀过的阳极铝箔、阴极铝箔隔离后卷绕成电容器芯子,经过工作电解液浸泡,并根据电解电容器的使用电压及电导率的不同,分别做成不同规格的类型,最后用密封橡胶把芯子卷边封口并与树脂端子板连接,密封在铝壳内或用耐热性环氧树脂进行封装,即形成金属封装或树脂封装的铝电解电容器,其极性与电容量表示方法如图 2.36 所示。

表 2.9　电解电容器的额定工作电压

代码中的字母	额定工作电压/V
G	4
J	6.3
A	10
C	16
D	20
E	25
V	35
H	50

2）钽电解电容器

　　钽电解电容器不仅尺寸比铝电解电容器的小，并且性能更加稳定，其漏电流小、高频性能优良等，因此该元器件的适用范围较为广泛，除了应用于消费类电子产品之外，还用于通用电子仪器、办公自动化设备中。其额定工作电压为 4～50 V，电容量为 0.1～470 μF，工作温度为 −40～125 ℃，允许误差为 ±10%～±20%。

　　钽电解电容器是先将银粉与新合剂混合、压制、烧结后得到的烧结体，经过阳极氧化、热分解，在烧结体表面形成固体电解质二氧化锰，接着经过石墨层、导电涂料层涂敷后，进行阳极与阴极的连接，最后用模型封装成型的电容器。元器件上色带一边表示正极，其外形如图 2.37 所示。

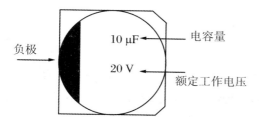

图 2.36　电解电容的极性与容量表示

图 2.37　钽电解电容

2.7.3 表面贴装二极管

1. 贴装二极管类型

表面贴装二极管属有源元器件,常用于小型电子产品及通信设备中,主要有整流二极管、稳压二极管、发光二极管、变容二极管等。其型号有部分还是沿用传统插装式二极管的型号,例如,整流二极管 1N400l-4007 等。

常见的表面贴装二极管分圆柱形、矩形两种。圆柱形二极管的封装结构是将二极管 PN 结装在具有内部电极的细玻璃管中,其特点是没有引线,玻璃管两端装上金属帽作为正、负电极。这类管子由内部 PN 结、外壳、金属电极组成,外形尺寸有 1.5 mm×3.5 mm 和 2.7 mm×5.2 mm 两种形式。

2. 贴装二极管外形及结构

贴装二极管,有三条长度仅为 0.65 mm 的短引脚,引脚材质为合金,强度好,但可焊性差,其外形如图 2.38(a)所示。该元器件在大气中的功耗为 150 mW,在陶瓷基板上的功耗为 300 mW。根据矩形二极管内部所含二极管的数量,可划分成单管、对管两种。其中对管又可分为共阳(正极)对管、共阴(负极)对管、串联对管等形式,各种类型的内部结构如图 2.38(b)所示,单管结构中的 NC 表示空脚。

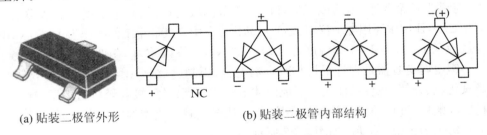

(a) 贴装二极管外形　　　　　　　(b) 贴装二极管内部结构

图 2.38　表面贴装二极管

2.7.4 表面贴装三极管

1. 贴装三极管的特性

表面贴装三极管采用 SOT(small outline transistor)塑料封装,带有短引脚。与插装式三极管比较,具有体积小、消耗功率小等特点,特别适合于在高频电路中使用,其实物如图 2.39 所示。

普通小功率贴装三极管大多采用 SOT-3 的封装形式,功耗为 150～300 mW,大功率贴装三极管一般采用 SOT-89 的封装形式,并且其元件需粘贴在较大的铜片上,以增加散热能力,功耗为 0.3～2 W。

图 2.39　贴装三极管实物图

2. 贴装三极管的外形

复合型贴装三极管是近年开发的新型贴装三极管,在一个封装中有两只三极管,其外形如图 2.40 所示。其中因图 2.40(a)的两只三极管是完全独立的,故有 6 个引脚;图 2.40(b)则将两只三极管在内部连接成复合管,即第一只三极管的集电极和第二只三极管的基极直接相连,故只有 5 个引脚。我国三极管型号以"3A"~"3E"开头,美国以"2N"开头,日本以"2S"开头。欧洲则常采用国际电子联合会制定的标准,对三极管进行命名,第一部分采用 A 或 B 表示锗管或硅管;第二部分定义为 C—低频小功率管、F—高频小功率管、D—低频大功率管、L—高频大功率管;第三部分采用数字表示登记序号,例如,BD92 表示硅低频大功率管。

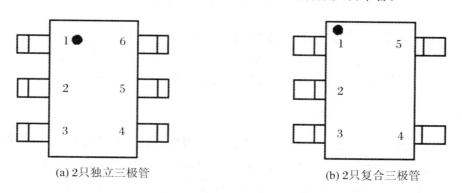

(a) 2 只独立三极管　　　　　　　　　(b) 2 只复合三极管

图 2.40　复合贴装三极管封装外形

第 3 章　万用表使用及常用元器件检测

万用电表简称万用表,是一种多限量便携式仪表,有机械指针式和数字式万用表之分,能测量交直流电压、交直流电流、电阻、电容、晶体管参数等,适宜于无线电、电讯、电工以及家庭之用。

3.1　指针式万用表

指针式万用表是以指针的形式指示测量数据的一种仪器。种类繁多,但基本原理、结构及使用方法大同小异。主要由磁电式微安表头、测量电路和转换开关组成,另外,在其面板上还有机械调零旋钮与欧姆调零旋钮,以及 h_{FE} 插孔等。

3.1.1　指针式万用表结构

磁电式直流微安表头和一只限流电阻可以组成一只简单的万用表,能够直接测量直流电压和直流电流,增加整流电路后,能够测量交流电压和交流电流,再增加一节电池,将能够测量电阻、三极管的 h_{FE} 等参数。MF47 型万用表面板结构如图 3.1 所示,表头刻度尺第一条为欧姆刻度,上面只有一组数字,作为电阻专用,从右往左读数,它包含了 5 个倍乘挡位:×1、×10、×100、×1 k、×10 k。测量时,应根据选择的挡位乘以相应的倍率,例如:当量程选择的挡位是 $R \times 1$ k,就要对已读取的数据×1000。

由于欧姆刻度尺的刻度是非均匀刻度,当表头指针位于两个刻度之间的某个位置时应根据左边和右边刻度缩小或扩大的趋势,估读一个数值;若指针的偏转在整个刻度面板的 2/3 以内,应转换一个比它小的量程读数。第二条交、直流电压和电流刻度,有① 50、100、150、200、250;②10、20、30、40、50;③ 2、4、6、8、10 三组数字,包含了 8 个直流电压挡:0～0.25 V～1 V～2.5 V～10 V～50 V～250 V～

500 V～1000 V。5 个直流电流挡：0～0.05 mA～0.5 mA～5 mA～50 mA～
500 mA 和 5 个交流电压挡：0～10 V～50 V～250 V～500 V～1000 V。

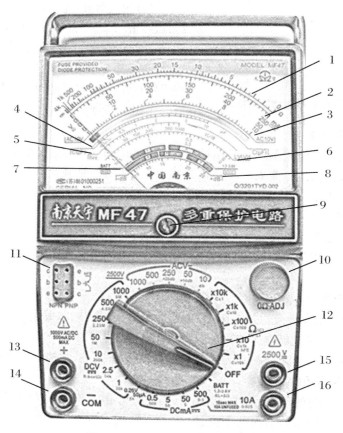

图 3.1　MF47 型万用表面板结构

1-欧姆刻度；2-直、交流刻度；3-交流 10 V 专用刻度；4-电容容量刻度；
5-h_{FE} 刻度；6-稳压刻度；7-电池容量刻度；8-分贝刻度；9-机械调零；
10-欧姆调零；11-h_{FE} 插孔；12-功能及量程转换开关；13-通用测量插孔；
14-公共插孔；15-高压测量插孔（直、交流通用）；16-大电流测量插孔

　　测量时，应根据选择的挡位，乘以相应的倍率。例如：当量程选择的挡位是直流电压 0～2.5 V，由于 2.5 是 250 缩小 100 倍，所以刻度尺上的 50、100、150、200、250 这组数字都应同时缩小 100 倍，分别为 0.5、1.0、1.5、2.0、2.5，这样换算后，就能迅速进行读数了。当表头指针位于两个刻度之间的某个位置时，应将两刻度之间的距离等分后估读一个数值；若指针的偏转在整个刻度面板的 2/3 以内，应转换一个较小的量程测量。

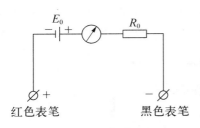

图 3.2　万用表电阻挡等效电路

万用表电阻挡等效电路如图 3.2 所示，其中的 R_0 为等效限流电阻，E_0 为表内电池。当万用表处于 $R \times 1$、$R \times 100$、$R \times 1\,k$ 挡时，一般 $E_0 = 1.5\,V$，而处于 $R \times 10\,k$ 挡时，$E_0 = 15\,V$（或 $9\,V$）。测试电阻时要记住，红表笔接在表内电池负端（表笔插孔标"＋"号），而黑表笔接在表内电池正端（表笔插孔标"－"号）。

1. 磁电式表头

磁电式表头的作用是用来指示被测量数值的。采用的是内阻极大、灵敏度很高的磁电式微安直流电流表。在工作方式上，它利用的是载流线圈在永久磁铁磁场中受到力的作用，从而使表头指针产生偏转原理进行工作的。

2. 测量电路

测量电路把各种被测量参数转换成适合表头测量的直流微小电流，通过转换开关形成直流电流测量电路、直流电压测量电路、交流电压测量电路和直流电阻测量电路等。

3. 转换开关

MF47 型万用表转换开关的作用，是选择测量项目的同时确定了参数测量的量程。例如：测量工频交流电压，转换开关打在 AC V 的同时，要确定置于 250 V 的量程。测量 1.5 V 干电池，转换开关置于 DC V 对应的 2.5 V 的挡位方可进行测量。

4. 机械调零和欧姆调零

机械调零旋钮的作用，是当万用表不作任何测量时，其指针应指在表盘刻度左端"0"刻度的位置上，若不在这个位置，用平口螺丝刀调整该旋钮使其指在"0"处。欧姆调零旋钮的作用，是在测量电阻前，万用表选择相应的欧姆倍乘挡位，将两只表笔短接，表头指针应指在"0"处，若不在"0"处，调整该旋钮使其指到"0"位，测量时使用不同的倍乘挡位都需要重新调零。

3.1.2　主要技术指标

1. 测量范围及精度等级

直流电流：$0 \sim 50\ \mu A \sim 0.5\ mA \sim 5\ mA \sim 50\ mA \sim 500\ mA \sim 5\ A$　　精度：$\pm 2.5\%$

直流电压：$0 \sim 2.5\ V \sim 1\ V \sim 2.5\ V \sim 10\ V \sim 50\ V \sim 250\ V \sim 500\ V \sim 1000\ V$；$2500\ V$　精度：$\pm 2.5\%(\pm 5.0\%)$

交流电压：$0 \sim 10\ V \sim 50\ V \sim 250\ V \sim 500\ V \sim 2500\ V$　　精度：$\pm 5\%$

电阻：$R\times1\,\Omega;R\times10\,\Omega;R\times100\,\Omega;R\times1\,k\Omega;R\times10\,k\Omega$ 精度：$\pm10\%$

电容：$C\times0.1\,\mu F;C\times1\,\mu F;C\times10\,\mu F;C\times100\,\mu F;C\times1\,k\mu F;C\times10\,k\mu F$

2. 灵敏度

直流电压：0～500 V　　　　20000 Ω/V

　　　　　　2500 V　　　　　4000 Ω/V

交流电压：0～2500 V　　　　4000 Ω/V

3. 工作环境

温度：0～40 ℃　　湿度：85%以下

3.2　数字万用表[①]

数字万用表亦称为数字式多用电表 DMM,它具有精确度高、分辨力强、显示直观清晰、测试功能齐全、性能稳定、显示快速、过载能力及抗干扰能力强、测量范围宽、功耗较低、自动调零、便于携带、价格适中等特点。

3.2.1　数字万用表结构

图 3.3 是数字万用表的基本组成框图,其核心电路是由 A/D 转换器、显示电路等组成的基本量程数字电压表。与模拟指针万用表测量的基本量是直流电流不

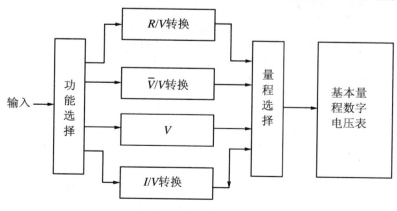

图 3.3　数字万用表组成框图

---

① 本节网络资源:http://www.china-victor.com/cn/product.aspx.

同,它测量的基本量是直流电压,被测信号需转换成直流电压再进行测量。电压、电流测量电路采用电阻网络,而交流电流、R、C等参数测量的转换电路,一般采用有源器件组成的网络,以改善转换的线性度和准确度。项目(功能)和量程选择通过转换开关来实现,有的万用表可根据输入信号的大小自动切换量程。

数字万用表不仅可以测量直流电压、直流电流、交流电压、电阻、二极管正向压降、晶体管电流放大系数(h_{FE}),还能测量交流电流、电容、温度、频率,检查线路通断,低功率法测在线电阻等。

新型数字万用表还增加了实用新颖的测试功能,如读数保持(HOLD)或峰值保持(PK HOLD)、逻辑测试(LOGIC)、真有效值测量(TRMS)、相对值测量(RELA)、自动关机(AUTO OFF POWER)、语音报数等。

智能型数字万用表大多具有:自动校准(AUTO CAL),最小值、最大值、上下限设定,数据存储(MEB),读存储数据,数据输出,快速测量(FAST)等。并带有 RS-232 或 IEEE488 接口,可与计算机联机并打印结果,它将高性能、高可靠性与较低的成本集于一身,可满足各种测量的需要。

图 3.4 所示为 VC9806 型数字万用表的面板结构,由显示屏、电源开关、功能(量程)转换开关、输入插孔和测试插座组成。数字万用表测量电阻、直流电压、直流电流、交流电压、交流电流、二极管、三极管、电容及频率等参数,通过调节功能转换开关来实现。

VC9806 型数字万用表采用双积分 A/D 转换为核心,四位半 LCD 显示,读数清晰,精度更高,约 10 s 延时背光及过载保护,并具有读数保持和自动关机功能。

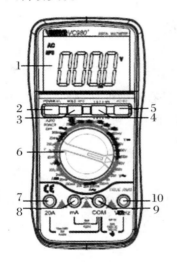

图 3.4 VC9806 数字万用表面板结构

1-液晶显示器:41/2 位显示仪表测量的数值;2-电源、背光按键:开启关闭电源和背光;3-保持、自动关机按键:开启关闭保持和自动关机;4-三极管输入插座;5-背光指示灯;6-旋钮开关:用于改变测量功能及量程;7-20A 电流测试插座;8-电容负极、200 mA 电流插座;9-电容正极、公共地插座;10-电压、电阻、二极管正极插座

数字万用表使用注意事项:

(1) 按下电源开关,若屏上显示符号"⊟",说明内部电池电压低需更换电池。

(2) 测量前,根据被测量的性质,转换开关应置于相应的项目位置上(如测电阻时,要将转换开关拨至电表的欧姆挡上)。在不知道被测量的范围时,应将转换开关置于最大量程处,然后根据被测量的情况逐渐降低量程;若显示屏最左端仅显示"1",表示被测量大于所选的量程(超量程),需要选择更高一挡的量程进行测量。

（3）被测的电压、电流值不要超过表笔输入端插孔旁边所标数字的最大值，否则，很容易损坏电表的内部电路。

（4）测量前，应明确要测什么和怎么测量，然后，再选择合适的测试项目及量程。每次拿起表笔准备测量时，一定要校对一下测试项目及量程开关是否拨对位置，红表笔是否选对插孔位置等。

（5）在欧姆挡时，红表笔接入内部电池的正极，黑表笔接入内部电池的负极，这一点与指针式万用表正好相反，测量二极管、三极管等有源器件时一定引起重视。

（6）测量电容时，必须先充分放电，才能进行测量；测量大容量电容时，读数需要几秒钟时间才能稳定，这是正常现象。

（7）测量电流时，切勿把表笔并联到任何电路上！在 20 A 电流挡内部无保护，测试时一定要小心，每次测量时间不得大于 10 s！测量完成后，应先关断线路电源再断开表笔与电路的连接。

（8）测量绝缘电阻时，红表笔插入 mA 插孔，注意其单位换算关系：$1\ nS = 10^{-9}\ S$，$S = 1/\Omega$，在此挡位和二极管测量挡位 ▸▸ ∘))) 时禁止输入电压。

3.2.2 主要技术指标

（1）直流电压量程：200 mV；2 V；20 V；200 V；1000 V 精度：$\pm(0.5\% + 3$ 字$)$

     1000 V 精度：$\pm(0.1\% + 5$ 字$)$

（2）交流电压量程：200 mV 精度：$\pm(1.0\% + 25$ 字$)$

     2 V；20 V；200 V 精度：$\pm(0.8\% + 25$ 字$)$

     750 V 精度：$\pm(1.2\% + 25$ 字$)$

（3）直流电流量程：200 μA；2 mA；20 mA 精度：$\pm(0.5\% + 4$ 字$)$

     200 mA 精度：$\pm(0.8\% + 6$ 字$)$

     2 A 精度：$\pm(1.5\% + 5$ 字$)$

     20 A 精度：$\pm(2.0\% + 15$ 字$)$

（4）交流电流量程：20 mA 精度：$\pm(0.8\% + 3$ 字$)$

     200 mA 精度：$\pm(1.5\% + 15$ 字$)$

     2 A 精度：$\pm(1.5\% + 5$ 字$)$

     20 A 精度：$\pm(2.5\% + 35$ 字$)$

（5）电阻量程：200 Ω 精度：$\pm(0.4\% + 10$ 字$)$

    2 kΩ；20 kΩ；200 kΩ；2 MΩ 精度：$\pm(0.4\% + 5$ 字$)$

    20 MΩ 精度：$\pm(1.2\% + 25$ 字$)$

$200 \text{ M}\Omega$　精度：±（5.0%＋5字）

（6）电容量程：20 nF；2 μF；200 μF　精度：±（4.0%＋50）

（7）频率量程：20 kHz；200 kHz　精度：±（2.0%＋25）

3.3　万用表检测常用元器件

3.3.1　指针式万用表的使用

1）测量前的准备

使用之前，应注意指针是否指在零位，如不指零位，可调整机械调零的螺丝，使指针指在零位。

2）直流电流测量

根据所测电流的大小，把转换开关转到相应的电流挡，两支表笔并在被测电路上，测量时把万用表串接在被测电路中，红表笔接触电路的正端，黑表笔接触电路负端，电流测量的数值读取第二条刻度线。

3）直流电压测量

转换开关转到被测电压相应的直流电压挡上，红表笔接触电路的正端，黑表笔接触电路的负端。测出的电压值从第二刻度线上读出。

4）交流电压测量

与直流电压测量相似，只需要把转换开关转到交流电压相应的量程上。交流电压小于 10 V 时，从第三条专用刻度线读数，注意：这条刻度线在 1 V 以下是非线性刻度。大于 10 V 的交流电压从第二条刻度线读数。

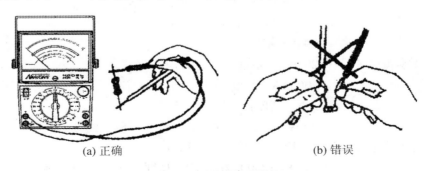

(a) 正确　　　　　　　　　　　　　　(b) 错误

图 3.5　元器件测量方法

5）电阻测量

先将转换开关转到电阻挡范围内,把红、黑表笔短路,调整"Ω"调零旋钮,使指针指在 0Ω 位置上(即最右端满刻度位置),再把红、黑表笔分开去接被测电阻的两端,即可测出被测电阻的阻值。电阻的读数在第一条刻度线上读出,并乘以该挡的倍率。每次更换倍率挡时,都应重新调整欧姆零点,如果表头指针不能指到欧姆零点时,说明表内电池电压太低,需要更换电池。严禁在被测电路带电的情况下测量电阻。电阻测量时,必须注意不能将人体电阻并入被测电阻两端,否则将产生很大误差,测量元件的正确方法如图 3.5(a)所示,图 3.5(b)的测量结果是被测电阻和人体电阻的并联值。

6）电位器测量

（1）用万用表 Ω 挡测量电位器的两个固定端的电阻,并与标称值核对阻值。如果万用表指针不动或比标称值大得多,表明电位器已坏;如表针跳动,表明电位器内部接触不好。

（2）测滑动端与固定端的阻值变化情况。移动滑动端,如阻值从最小到最大之间连续变化,而且最小值越小、最大值接近标称值,说明电位器质量较好;如阻值间断或不连续,说明电位器滑动端接触不良,则不能使用。

7）电容的测量

电容的测量,一般应借助于专门的测试仪器,通常用电桥等设备。而用万用表仅能粗略地测量电容的容量大小、检查电容是否有失效或漏电情况,测量电路如图 3.6 所示。

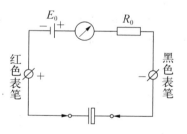

图 3.6　万用表欧姆挡测量电容

测量前应先将电容的两个引出线短接一下,使其上所充的电荷释放。然后将万用表置于 1k 欧姆挡,并将电容的两极分别与万用表的黑表笔、红表笔接触。在正常情况下,可以看到表头指针先是产生较大偏转(向零欧姆处),以后逐渐向起始位置(高阻值处)返回。这反映了电容器的充电过程,指针的偏转反映电容器充电电流的变化情况。

一般说来,表头指针偏转愈大,返回速度愈慢,则说明电容器的容量愈大,若指针返回到接近起始位(高阻值),说明电容器漏电阻很大,指针所指示电阻值,即为该电容器的漏电阻。根据漏电阻的大小可以判断电解电容的正负极性。假设黑表笔接引脚正极,红表笔接负极,指针则会向表头的右侧(0Ω 方向)偏转,当充电过程结束后指针停留在某一阻值上然后再向左(∞ 方向)偏转,当指针再一次停留在某一阻值时它所表示的就是该电解电容器的正向漏电电阻。反之红表笔接正极,黑表笔接负极,经过充放电的过程后所测阻值是反向漏电电阻。电解电容器的特点是正向漏电电阻大于反向漏电电阻。漏电电阻越大说明此电解电容器的性能越好,一般漏电电阻均大于 500 kΩ。如漏电电阻过小,那么此电解电容器存在漏电问题。若根本没有充放电过程,说明该电解电容器失去了容量。如果所测电阻值接近 0 Ω,说明该电解电容器已经击穿损坏不能使用。

对于容量小于 1000 pF 的电容器(云母、瓷质电容等),由于电容量较小,表头指针偏转也很小,返回速度又很快,实际上难以对它们的电容量和性能进行鉴别,仅能检查它们是否短路或断路,这时应选用 $R×10$ k 挡测量。

8) 电感和变压器测量

(1) 通常利用万用表电阻挡,按照电感器绕组的连接方式进行检测有无短路和开路现象。特别是带有屏蔽罩的电感器,金属屏蔽罩与各绕组间应当是处于开路状态,否则说明有短路现象。

(2) 在实际使用中,按照变压器各绕组间的连接方式,使用万用表电阻挡,检测有无短路或开路现象。初级和次级、引出端和外壳都应当是开路状态,否则是绝缘不良。

9) 晶体二极管测量

晶体二极管由一个 PN 结组成,具有单向导电性,其正向电阻小(一般为几百欧)而反向电阻大(一般为几十千欧至几百千欧),根据此特点能够进行二极管的极性测量和质量判别。

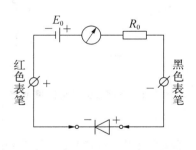

图 3.7　判断二极管极性

(1) 二极管极性测量。将万用表拨到 $R×100$(或 $R×1$ k)的欧姆挡,把二极管的两只管脚分别接到万用表的两根测试表笔上,如图 3.7 所示。如果测出的电阻较小(约几百欧),则与万用表黑表笔相接的一端是正极,另一端就是负极。相反,如果测出的电阻较大(约百千欧),那么与万用表黑表笔相连接的一端是负极,另一端就是正极。

(2) 判别二极管质量。一只二极管的正、反向电阻差别越大,其性能就越好。如果双向电阻都较小,说明二极管质量差,不能使用;如果双向阻值都为无穷大,则说明该二极管已经断路;如双向阻值均为零,说明二极管已被击穿。

10) 发光二极管(LED)测量

发光二极管从外观上看,正极引脚比负极长,其正向阻值比普通二极管正向电阻大,一般在几十千欧的数量级,反向电阻在 500 kΩ 以上。发光二极管的正向压降比较大,万用表 $R \times 1\,k$ 以下各挡表内电池仅为 $1.5\,V$,不能使发光二极管正向导通发出光来。一般用 $R \times 10\,k$ 挡(此时电表内部电池是 $9\,V$ 或更大)进行测试,这样可测出正向电阻,同时看到发光二极管发出微弱的光。若测得正、反向电阻都很小,说明内部击穿短路;若测得正、反电阻都是无限大,说明内部开路。由于 LED 数码管也是由发光二极管组成,所以用这个方法可检查 LED 数码管。

11) 光电二极管测量

置万用表于 $R \times 1\,k$ 挡,红黑两表笔任意接光电二极管的两个极,这时万用表的指针应有偏转,其读数若在几千欧姆左右,则黑表笔所接的一极就是光电二极管的正极,另一极则为负极。此时读出的电阻是光电二极管正向电阻,这个电阻不随光线强弱而变化。

然后,再将万用表的两只表笔调换一下,此时测的则是光电二极管的反向电阻,在无光照的情况下,此反向电阻应比较大,大约为 $200\,k\Omega$ 以上。接着给光电二极管照射较强光线,如用电灯去照射光电二极管的顶部窗口,这时,光电管的反向电阻应渐渐变小,光越强,则反向电阻越小,甚至仅为几百欧姆。关掉电灯后,电表所指示的反向电阻值应立即恢复到原来数字,这样的光电二极管就是品质良好的产品。

如果光电二极管的正向电阻很大,超过 $15\,k\Omega$ 以上,或反向电阻很小(未受光照),或受光照后阻值不变小,移去光照后,阻值不能恢复到原来阻值,则说明光电二极管已损坏不能使用。

12) 晶体三极管测量

可以把晶体三极管的结构看作两个背靠背的 PN 结,对 NPN 型来说基极是两个 PN 结的公共阳极,对 PNP 型管来说基极是两个 PN 结的公共阴极,分别如图 3.8 所示。

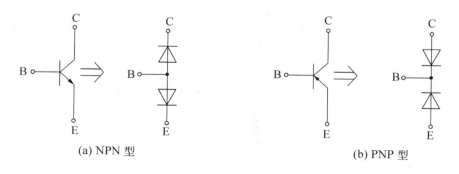

(a) NPN 型　　　　　　　　　　　　　(b) PNP 型

图 3.8　晶体三极管结构示意图

（1）管型与基极的判别。

万用表置电阻挡，量程选 1 k 挡（或 $R \times 100$），将万用表任一表笔先接某一个电极——假定的公共极，另一表笔分别接其他两个电极，当两次测得的电阻均很小（或均很大），则前者所接电极就是基极，如两次测得的阻值一大、一小，相差很多，则前者假定的公共极有错，应更换其他电极重测。根据上述方法，可以找出公共极，该公共极就是基极 B，若两次测得的电阻均很小且是黑表笔所接，则该管属 NPN 型管，若是红表笔所接，则该管是 PNP 型管；若两次测得的电阻均很大且是黑表笔所接，反之则是 PNP 型管，若是红表笔所接，则该管是 NPN 型管。

（2）发射极与集电极的判别。

为使三极管具有电流放大作用，发射结需加正向偏置，集电结加反向偏置，如图 3.9 所示。

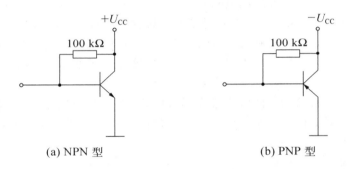

(a) NPN 型　　　　　　　　　　(b) PNP 型

图 3.9　晶体三极管的偏置情况

当三极管基极 B 确定后，便可判别集电极 C 和发射极 E，同时还可以大致了解穿透电流 I_{CEO} 和电流放大系数 β 的大小。

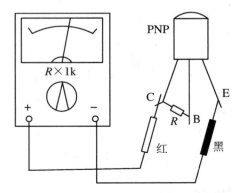

图 3.10　晶体三极管集电极 C、发射极 E 的判别

以 PNP 型管为例，若用红表笔（对应表内电池的负极）接集电极 C，黑表笔接 E 极，（相当 C、E 极间电源正确接法），如图 3.10 所示，这时万用表指针摆动很小，它所指示的电阻值反映管子穿透电流 I_{CEO} 的大小（电阻值大，表示 I_{CEO} 小）。如果在 C、B 间跨接一只约 100 kΩ 电阻（实际测量时，用手指捏住 C 和 B 但不能短接），此时万用表指针将有较大角度的摆动，表明电阻值较小，反映了集电极电流 $I_C = I_{CEO} + \beta I_B$

的大小。摆动的角度越大,表明电阻值减小越多,说明晶体管的 β 值越大。如果
C、E 极接反(相当于 C-E 间电源极性反接),则三极管处于倒置工作状态,此时电
流放大系数很小(一般<1),于是万用表指针摆动很小。因此,比较 C-E 极两种
不同电源极性接法,便可判断 C 极和 E 极了。同时还可大致了解穿透电流 I_{CEO} 和
电流放大系数 β 的大小,若万用表上有 h_{FE} 插孔,可利用 h_{FE} 来测量电流放大系
数 β。

13) 场效应管的测量

场效应管的栅极相当于三极管的基极,源极和漏极分别对应于三极管的发射
极和集电极。

(1) 结型场效应管的管脚识别。

对于结型场效应管的电极,可用万用表来判别。方法是将万用表拨到 $R \times 1k$
挡,首先用黑表笔碰触管子的一脚,然后用红表笔依次碰触另外两个脚。若两次测
出的阻值都很大,说明均是反向电阻,属于 N 沟道场效应管,黑表笔接的就是栅
极;若两次测出的阻抗都很小,说明均是正向电阻,属于 P 沟道场效应管,黑表笔接
的也是栅极。由于制造工艺所决定,源极和漏极是对称的,可以互换使用,并不影
响电路正常工作,所以不必加以区分。源极与漏极间的电阻值约为几千欧。

(2) 绝缘栅型场效应管的管脚识别。

绝缘栅型(MOS)场效应管比较"娇气",因此出厂时各管脚都绞合在一起或者
装在金属箔内,使 G 极与 S 极呈等电位,防止积累静电荷。在测量时需格外小心
并采取相应的防静电感应措施。测量前应把人体对地短路后,才能触摸管脚。

将万用表拨至 $R \times 100$ 挡,首先确定栅极。若某脚与其他脚的电阻都是无穷
大,证明此脚就是栅极 G。交换表笔重复测量,S-D 之间的电阻应为几百欧至几千
欧。其中阻值较小的那一次,红表笔接的是 D 极,黑表笔接的是 S 极。有的 MOS
场效应管(例如日本生产的 3SK 系列),S 极与管壳连通,据此很容易确定 S 极。

值得注意的是:用万用表去判定绝缘栅场效应管时,因为这种管子输入电阻
高,栅源间的极间电容很小,测量时只要有少量的电荷,就足以将管子击穿损坏。

(3) 场效应管使用中的注意事项。

① 检测时,为了防止场效应管栅极感应击穿,要求一切测试仪器、工作台、电
烙铁、线路本身都必须有良好的接地。

② 管脚在焊接时,烙铁外壳必须预先做良好的接地。先焊源极。在连入电路
之前,管子的全部引线端保持互相短接状态,焊接完后才把短接材料去掉。为了安
全起见,可将管子的三个电极暂时短路,待焊好才拆除。

③ 取用管子时,应以适当的方式确保人体接地,如采用接地环等。当然,如果
能采用先进的气热型电烙铁,焊接场效应管是比较方便的,并且确保安全。在未关

断电源时,绝对不可以把管子插入电路或从电路中拔出。测试时,也要先插好管子,再接通电源,测试完毕应先断电,后拔下管子。

④ 用图示仪观察管子的输出特性时,可在栅极回路中串入一只 5~10 kΩ 的电阻,以避免出现自激振荡。

⑤ 有万用表测量时,应尽量避免用万用表笔首先接触栅极。测量时最好远离交流电源线路。

⑥ 为了安全使用场效应管,在线路的设计中不能超过管子的耗散功率、最大漏源电压和电流等参数的极限值。

⑦ 各类型场效应管在使用时,都要严格按要求的偏置接入电路中。如结型场效应管栅、源、漏之间是 PN 结,N 沟道管栅极不能加正偏压,P 沟道管栅极不能加负偏压等。

⑧ MOS 场效应管由于输入阻抗极高,所以在运输、储藏中必须将引出脚短路,要用金属屏蔽包装,以防止外来感应电势将栅极击穿。尤其要注意,不能将 MOS 场效应管放入塑料盒子内,保存时最好放在金属盒内,同时也要注意管子的防潮。

⑨ 在安装场效应管时,注意安装的位置要尽量避免靠近发热元件,为了防止管子振动,有必要将管壳体紧固起来。对于功率型场效应管,要有良好的散热条件,功率型场效应管在高负荷条件下运用,必须设计足够的散热器,确保壳体温度不超过额定值,使器件能长期稳定地工作。

14) 晶闸管的测量

把万用表拨至 $R \times 100$ 或 $R \times 1$ kΩ 的欧姆挡。然后用万用表的红、黑两只表笔分别接触晶闸管三只脚中的任意两只引脚,测其之间的正、反向电阻,若某一次测得的正、反向阻值接近无穷大,则说明与红、黑两只表笔相接触的两个引脚分别是晶闸管的阳极 A 和阴极 K,另一个引脚是它的控制极 G。然后,再用黑表笔去接触它的控制极 G,用红表笔分别接触它的另两极,在测得的两个阻值中较小的那一次与红表笔接触的那个引脚是晶闸管的阴极 K,另一个引脚就是它的阳极 A。

15) 集成电路的测量

(1) 集成电路在接入电路之前,对各引脚之间的直流电阻值进行测量,将测量的数据与正常的同型号的集成电路各引脚之间的直流电阻值作为参照进行比对,以确定其是否正常之后再焊接至电路中。

(2) 集成电路在接入电路之后,可通过在电路上测量集成电路的各引脚对地的电压值、电阻值与有关资料相比对或者与相同电路的正常参照进行比对,判断其正常与否,需注意比对时设置的状态要一致。

3.3.2　数字式万用表的使用

1）测量前的准备

将黑表笔插入 COM 插孔，一般参数测量红表笔插入 V/Ω 插孔（红表笔为"＋"极）。再将量程置测量的挡极上，按下 ON-OFF 按键，准备参数测量。

2）直流电压测量

将转换开关置于 DCV 量程范围，并将表笔跨接在被测负载或信号源上，在显示电压读数时同时会指出红表笔的极性。

3）交流电压测量

将转换开关置于 ACV 量程范围，并将表笔跨接在被测负载或信号源上。此时，LCD 屏幕显示出被测电压读数。

4）直流电流测量

（1）当被测最大电流小于 200 mA 时，将黑表笔插入 COM 插孔内，将红表笔插入 mA 插孔。如测 20 A 以内的电流，则将红表笔移至 20 A 的插孔。

（2）将开关置于 DCA 量程范围，表笔串入被测电路中，红表笔的极性将与数字显示值同时指示出来。

5）交流电流测量

（1）将黑表笔插入 COM 插孔内，对 200 mA 以下电流，红表笔插入 mA 插孔，对 200 mA 以上小于 20 A 的电流，将红表笔插入 20 A 插孔。

（2）将开关至于 ACA 量程内并将表笔串入被测电路。此时，LCD 屏幕显示出被测交流电流读数。

6）电阻测量

将开关置于所需的 Ω 量程上，并将表笔跨接在被测电阻两端。如果被测电阻超过所用量程，则会在显示屏最左端显示出"1"，表明超量程，需更换较高量程测量。欧姆挡有量程限制，这一点与指针万用表有区别，在欧姆挡位时，万用表红表笔接入表内电池的正极，黑表笔接入表内电池的负极，与指针万用表正好相反。

7）电容测量

（1）在接入被测电容之前，电容需短路放电，并注意万用表显示初值应为"0"。

（2）将欲测电容插入电容插座，当测量有极性电容时注意其极性分别插入"＋"（CX 符号）插座和"－"（CX 符号）插座，当测试大电容时，需要长时间方可得到最后稳定读数。

8）通断检查

将开关置于"➡➡◦)))"挡，并将表笔跨接在欲检查电路或导线两端，若被检查两点之间电阻值小于 30 Ω，蜂鸣器发出声音，表示电路导通。

9) 二极管测量

利用数字万用表的"→▶┤•)))"挡判别二极管的正、负极,此时红表笔(插在"V·Ω"插孔)带正电,黑表笔(插在"COM"插孔)带负电。用两支表笔分别接触二极管两个电极,若显示值在 1 V 以下,说明管子处于正向导通状态,红表笔接的是正极,黑表笔接的是负极。若显示超量程符号"1",表明管子处于反向截止状态,黑表笔接的是正极,红表笔接的是负极。

10) 晶体管 h_{FE} 测量

将开关置于 h_{FE} 挡上,先判断晶体管是 NPN 还是 PNP 型的,再将 E、B、C 三脚分别插入面板上方晶体管插座正确的插孔内,此时显示器将显示出 h_{FE} 之近似值。

3.3.3　指针式万用表使用的注意事项

(1) 万用表黑表笔插入"COM"或"※"插孔内,红表笔插入"＋"插孔内。

(2) 使用万用表之前,若表针没有指在零刻度处,则应调节机械调零旋钮,使表针指在零位处,仔细检查测量项目及量程是否正确。

(3) 如果无法估计被测量的大小,应先把转换开关拨至最高挡量程,然后再根据需要降低到合适量程。更改量程时,一定先断开表笔,待选好量程开关后,再进行检测。

(4) 为减小测量误差,万用表一般水平放置,读数时,视线应正对着指针,以免产生视差。若表盘上装有反射镜,则眼睛看到指针与镜子中的影子相重合后再读数。

(5) 不同测量项目和量程所使用的表盘刻度线也不同,读取数据时,要注意认清防止出错。

(6) 禁止用电流挡或电阻挡去测量电压,否则会烧坏表头,甚至有触电的危险!

(7) 更换万用表内的保险丝时,应选用同一规格或小一档次的保险丝。

(8) 万用表测量完毕后,应将选择开关拨至最高电压挡或拨至空挡。

(9) 若万用表长期不用,应将表内电池取出,否则,如果存放时间过长,电池渗出的电解液会腐蚀电路板,损坏万用表。

第4章 电路基本知识

4.1 电路的概念

4.1.1 电路的基本物理量

1. 电流

电荷在电场作用下有规则的定向运动,称为电流。金属导体内的电流是由于导体内部的自由电子在电场力的作用下有规则地运动而形成的。电流在数值上等于单位时间内通过某一导体横截面的电荷量。如果电流用 I 表示,电荷量用 q 表示,时间用 t 表示,则:

$$I = \frac{q}{t}$$

式中,q 为时间 t 内通过导体横截面 S 的电荷量,单位是 C(库仑);时间 t 的单位是 s(秒);电流的 I 单位是 A(安培)。

在电气系统中,遇到的电流为几安、几十安甚至更大,而在电子控制系统中经常遇到较小的电流,是以 mA(毫安)或 μA(微安)为单位计算的。它们之间的关系是:

$$1\ \text{A} = 10^3\ \text{mA} = 10^6\ \mu\text{A}$$

2. 电压和电动势

1) 电压

在导体内,电荷的定向运动形成电流,它是在电场力的作用下实现的。为了衡量电场力对电荷做功的能力,引入电压这一物理量。如图 4.1 所示电路中,A、B 两点间的电压 U_{AB} 在数值上等于电场力把单位正电荷从 A 点移到 B 点所做的功。在电场内两点间的电压也常称为两点间的电位差,即电压:

$$U_{AB} = U_A - U_B$$

式中，U_A——A 点的电位；

　　　　U_B——B 点的电位。

在国际单位制（SI）中，电压的单位为 V（伏特），在电子控制系统中也可用 mV（毫伏）和 μV（微伏）表示，它们之间的关系是：

$$1\ V = 10^3\ mV = 10^6\ \mu V$$

2）电动势

为了维持 A、B 两点间的电压恒定，必须使 B 端增加的正电荷经过另一路径流向 A 端，否则 A、B 间电压将降低，但由于电场力的作用，电极 B 端上的正电荷不能逆电场而上到达 A 端，因此必须有一种力能克服电场力而使 B 端的正电荷移向 A 端。电源就能产生这种力，称为电源力。电源力将单位正电荷从电源负极端 B 经过电源内部移至正极端 A，克服电场力所做的功称为电源的电动势，用字母 E 表示。

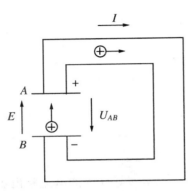

图 4.1　电荷的移动回路

　　按照电动势的定义，其单位也是 V。必须注意，电动势的实际方向由负极指向正极，如图 4.1 所示。因此，电动势的实际方向与电压的实际方向相反。

3. 电阻

电路中对电流通过有阻碍作用并造成能量消耗的部分叫电阻。电阻用 R 或 r 表示，单位是 Ω（欧姆）。当电阻很大时，其单位也常用 $k\Omega$（千欧）或 $M\Omega$（兆欧），它们之间的关系是：

$$1\ M\Omega = 10^3\ k\Omega = 10^6\ \Omega$$

在电子线路中，导线电阻的大小主要决定于导线的材料、长度、截面积和环境的温度。同样材料的导线，其电阻的大小与导线的截面积及长度有关。导线的截面积越大，也就是导线越粗，电阻就越小。导线越长，电阻就越大，用公式表示为：

$$R = \rho \frac{l}{S}$$

式中，R——导线的电阻（Ω）；

　　　　ρ——导线的电阻率（$\Omega \cdot mm^2/m$）；

　　　　l——导线的长度（m）；

　　　　S——导线的截面积（mm^2）。

利用上式，就可以计算出任何长度和截面的导线的电阻。

4. 电路中的电位

在电子控制系统中,为了方便而又准确地判断晶体管的工作状态,普遍使用电位的概念来讨论问题,而较少使用电压。

为了求得电路中各点的电位值,必须在电路中选择一个参考点,而且规定参考点的电位为零,这个参考点常称为零电位点。原则上零电位点是可以任意指定的,在实际工程中,常常指定大地为零电位参考点,这是因为有些设备的机壳是与地面相连接的。为了分析方便,把电路中很多元件汇集在一起的一个公共点假设为参考点,用符号"⊥"表示。而接地点则用符号"⏚"表示。电路中的参考点选定之后,电路中某点的电位就等于该点与参考点之间的电压,这样电路中各点电位就有了一个确定数值,高于参考点的电位为正,低于参考点的电位为负,电路中各点的电位一旦确定以后,就可以求得任意两点之间的电压。在电子技术中,引入电位概念以后,习惯上将图 4.2(a)所示的电路图画为图 4.2(b)所示的电路,各端标以电位值。

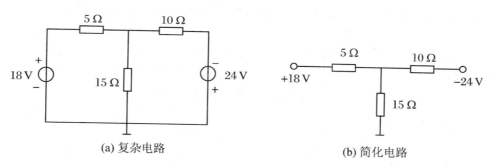

(a) 复杂电路　　　　　　　　　　(b) 简化电路

图 4.2　具有参考点的电路

在求取电路中各点的电位时,可根据如下几点结论分析。

(1) 电路中某一点的电位等于该点与参考点之间的电压。

(2) 对于同一参考点,电路中任一点的电位为一定值,而与所选路径无关。

(3) 电路中各点的电位随着参考点的改变而改变,但电路中任意两点间的电压是不会变化的。

(4) 在计算电路中各点电位时,参考点的选择是任意的,但在一个电路中只能选择一个参考点。

5. 电气设备的额定值

各种电气设备的电压、电流及功率等都有一个额定值。例如,一盏电灯的电压是 220 V,功率是 100 W,这就是它的额定值。额定值是制造厂为了使产品能在给定的工作条件下正常运行而规定的正常允许值,电气设备工作在额定情况下叫作额定工作状态。

电气设备按照额定值使用,运行才能安全可靠、经济合理,同时也不至于缩短使用寿命。例如,一只变压器的寿命与它的绝缘材料的耐热性能和绝缘强度有关,如果通过变压器的电流大于其额定电流时,将会由于发热过甚而损坏绝缘材料。同理,若所加电压超过额定电压,绝缘材料有可能被击穿,影响使用寿命。

为了便于用户使用,生产厂家在电气设备和元器件的铭牌或外壳上均明确标出了其额定数据——额定电压、额定电流和额定功率,分别用 U_N、I_N 和 P_N 表示。在额定电压下工作,负载电流小于额定值时称为负载;负载电流等于额定值时称为满载;负载电流大于额定值时称为过载。一般情况下,应按照规定值来使用各种电气设备。

4.1.2　电路的组成和作用

1. 电路的组成

将某些电气设备或器件按一定方式连接起来,构成电流的通路,称为电路。最简单的电路为如图 4.3 所示的电灯控制电路,它由电源、开关、导线及灯泡等组成。

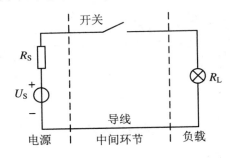

图 4.3　电灯控制电路

　　(1)电源:电源是一种将非电能转换成电能的装置。常用的电源有干电池、蓄电池和发电机等,它们分别将化学能和机械能转换成电能。

　　(2)开关:控制电能的作用,使线路构成通路或是断路,控制电灯的亮灭。

　　(3)导线:一般连接导线的电阻很小,所以电路分析中常把连接导线的电阻视为零,导线使电路构成闭合回路。

　　(4)负载:负载是取用电能的设备,其作用是将电能转换成其他形式的能量(如机械能、光能、热能)。常见的负载有灯泡、步进电机、电阻丝、扬声器等。

综上所述,电源、开关、导线和灯泡是组成照明设备中的完整电路。

2. 电路的作用

电路的组成形式和功能虽然是多种多样的,但总的来说,它的作用主要有两点:① 实现电能的传输和转换;② 传递和处理电信号。

4.1.3　电路的基本定律

1. 欧姆定律

欧姆定律是确定电路中电压与电流关系的定律。通常流过电阻 R 的电流与

电阻两端的电压成正比,与电阻 R 成反比,这就是欧姆定律。它是分析计算电路的基本定律之一,可用下式表示:

$$I = \frac{U}{R} \quad 或 \quad U = IR$$

假设当电路两端电压为 U,流过电阻的电流为 I 时,则这条支路的电阻为 $R = U/I$。在电压、电流参考方向一致时,电阻吸收或消耗的功率为:

$$P = UI = I^2 R = \frac{U^2}{R}$$

在应用欧姆定律计算时应注意以下几点:

(1) 欧姆定律是由线性电阻得出的,所以它对线性电阻是正确的,在半导体器件中的电流不遵从欧姆定律。

(2) 各物理量的单位必须一致。即电流单位是 A,电阻单位是 Ω,电压单位是 V。

(3) 电压、电流和电阻必须都属于同一个电路,特别是计算部分电路的时候,更应注意这一点。

2. 基尔霍夫定律

基尔霍夫定律包括电流定律和电压定律。基尔霍夫电流定律应用于节点,电压定律应用于回路。

1) 基尔霍夫电流定律(KCL)

基尔霍夫电流定律是用来确定一个节点上各支路电流之间关系的定律。由于电流的连续性,在电路任何点(包括节点在内)的截面上,均不能堆积电荷,因此,基尔霍夫电流定律的具体内容如下:

在任一瞬间,流入某结点的电流 $I_入$ 之和等于从该结点流出的电流 $I_出$ 之和,即

$$\sum I_入 = \sum I_出$$

对于图 4.4 所示常用电路来说,根据 KCL 节点 a 的电流关系为

$$I_G + I_B = I_L$$

基尔霍夫电流定律不仅适用于电路中的任一节点,而且还适用于电路中的任一封闭面。该封闭面称为广义节点,如图 4.5 所示电路。封闭面包围的是一个三角形 ABC 电路,它有 A、B、C 三个节点。应用电流定律可列出:

$$I_A = I_{AB} - I_{CA}$$
$$I_B = I_{BC} - I_{AB}$$
$$I_C = I_{CA} - I_{BC}$$

上列三式相加,得到

$$I_A + I_B + I_C = 0 \quad 或 \sum I = 0$$

上式说明,在任一瞬间,流入或流出节点的电流代数和恒为零。如果规定流入节点的电流为正,则流出节点的电流就为负。

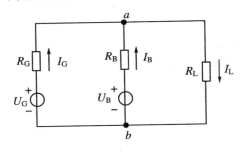

图 4.4 常用电路

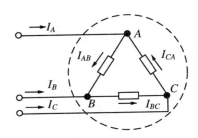

图 4.5 KCL 的推广应用

2) 基尔霍夫电压定律(KVL)

基尔霍夫电压定律是用来确定回路中各部分电压之间的关系。在任一瞬间,对于电路中任一回路,沿任一指定(顺时针或逆时针)方向绕行一周,各部分电压的代数和恒等于零,即

$$\sum U = 0$$

代数和必须要考虑正负号,各部分电压参考方向与绕行方向一致者取正号,相反者取负号。基尔霍夫电压定律常与欧姆定律配合使用,其电流的参考方向如图 4.6 所示。当沿着回路 $abdca$ 所示的顺时针方向绕行时,由于 $U_{R_1} = R_1 I_1$ 与绕行方向一致取正号。同理 U_{R_2} 和 U_{R_4} 与绕行方向也一致取正号,而 $U_{R_3} = R_3 I_3$ 的参考方向与回路绕行方向相反,应取负号。对于电动势,其参考方向与回路绕行方向一致取负号,如 E_1;不一致则取正号,如 E_3。所以,根据 KVL 可得

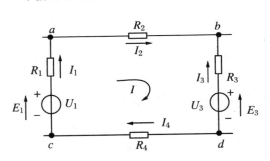

图 4.6 电路中的闭合回路

$$R_1 I_1 + R_2 I_2 - R_3 I_3 + R_4 I_4 + E_3 - E_1 = 0$$

$$R_1 I_1 + R_2 I_2 - R_3 I_3 + R_4 I_4 = E_1 - E_3$$

上式写成普遍形式为

$$\sum RI = \sum E$$

此式是基尔霍夫电压定律的另一表示形式,即在电路中,沿任一闭合路径电压

降的代数和等于电动势的代数和。

4.2 电路中的串联与并联

4.2.1 电阻的串联与并联

1. 电阻的串联

如果在电路中几个电阻依次首尾相连,各个电阻中通过同一电流,这种连接方法称为电阻的串联。图 4.7 所示为三个电阻串联的电路。

串联电路的特点如下:

(1)由电流的连续性原理可知,串联电路中的电流处处相同,即流过 R_1、R_2、R_3 的电流为同一电流。

(2)根据能量守恒定律,电路消耗的总功率应等于各段电阻消耗的功率之和,即

$$P = P_1 + P_2 + P_3$$

或

$$UI = U_1 I + U_2 I + U_3 I$$

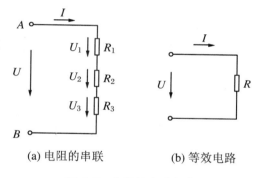

(a) 电阻的串联　　(b) 等效电路

图 4.7　电阻的串联电路

由此可得

$$U = U_1 + U_2 + U_3$$

上式说明,在串联电路中的总电压等于各段电压之和。

(3)几个电阻相串联,其总电阻 R 等于各电阻之和,即

$$R = R_1 + R_2 + R_3$$

因为流过各串联电阻的电流 I 相同,所以各段电阻上的电压的关系分别为

$$U_1 = \frac{U R_1}{R}$$

$$U_2 = \frac{U R_2}{R}$$

$$U_3 = \frac{U R_3}{R}$$

上式反映出在直流电路中,通过电阻的串联可以实现分压的目的,电阻越大,

分配到的电压越高。

2. 电阻的并联

如果电路中有两个或多个电阻接在两个公共节点之间,这样的连接方式称为电阻的并联,图 4.8 所示是三个电阻并联的电路。

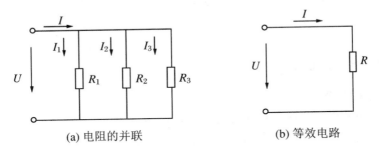

(a) 电阻的并联　　　　　　　　(b) 等效电路

图 4.8　电阻的并联电路

并联电路的特点如下:

(1) 加在各并联支路两端的电压相等。

(2) 电路内的总电流等于各分支电路的电流之和,即

$$I = I_1 + I_2 + I_3$$

(3) 在并联电路中,如果把总电流写成 $I = U/R$,则得

$$\frac{U}{R} = \frac{U}{R_1} + \frac{U}{R_2} + \frac{U}{R_3}$$

因此

$$\frac{1}{R} = \frac{1}{R_1} + \frac{1}{R_2} + \frac{1}{R_3}$$

在实际应用中,最常见的是两个电阻的并联,它们的等效电阻为

$$R = \frac{R_1 R_2}{R_1 + R_2}$$

通过两个并联电阻的电流分别为

$$I_1 = \frac{U}{R_1} = \frac{IR}{R_1} = \frac{IR_2}{R_1 + R_2}$$

$$I_2 = \frac{U}{R_2} = \frac{IR}{R_2} = \frac{IR_1}{R_1 + R_2}$$

上式为两个并联电阻的分流公式。它表明在并联电路中,各个电阻中的电流与电阻大小成反比。

电阻并联的应用十分广泛。一般负载都是并联连接的,在同一电压下,任何一个负载的工作情况基本上不受其他负载的影响,有时为了某些需要,可将电路中的某一段与电阻或电位器并联,以起分流或调节电流的作用。

4.2.2　电容的串联与并联

在使用电容器时,如果无法找到合适容量或耐压的电容器,可将多只电容器进行串联或并联来得到需要的电容器。

1. 电容器的串联

两只或两只以上的电容器在电路中头尾相连就是电容器的串联,电容器的串联如图 4.9 所示。电容器串联后总容量减小,总容量比容量最小电容器的容量还小,电容器串联后总容量的倒数等于各电容器容量倒数之和,这与电阻器的并联计算相同,以图 4.9(a)所示电路为例,电容器串联后的总容量:

$$C = \frac{C_1 C_2}{C_1 + C_2} = \frac{1000 \times 100}{1000 + 100} \approx 91 (\text{pF})$$

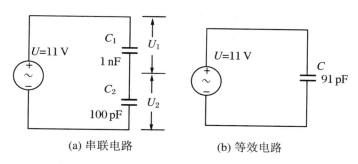

(a) 串联电路　　　　　　(b) 等效电路

图 4.9　电容器的串联

所以图 4.9(a)所示电路与图 4.9(b)所示电路是等效的。

串联电容器在电路中的分压由下面式子表示:

$$u_1 = \frac{uC_2}{C_1 + C_2}$$

$$u_2 = \frac{uC_1}{C_1 + C_2}$$

电容器串联后总耐压增大,总耐压较耐压最低的电容器的耐压要高。在电路中,串联的各电容器两端承受的电压与容量成反比,即容量越大,在电路中承受电压越低,这个关系可用公式表示为

$$\frac{C_1}{C_2} = \frac{U_2}{U_1}$$

以图 4.9(a)所示电路为例,C_1 的容量是 C_2 容量的 10 倍,用上述公式计算可知,C_2 两端承受的电压 U_2 应是 C_1 两端承受电压 U_1 的 10 倍,如果交流电压为 11 V,则 $U_1 = 1$ V、$U_2 = 10$ V;若 C_1、C_2 都是耐压为 6.3 V 的电容器,就会出现 C_2

首先被击穿短路(因为它两端要承受 10 V 的电压)，C_2 击穿后 11 V 电压全部加到 C_1 两端，接着 C_1 被击穿损坏。

当电容器串联时，容量小的电容器应尽量选用耐压大，以接近或等于电源电压，这是因为当电容器串联在电路中时，容量小的电容器在电路中承担的电压较容量大的电容器承担的电压高得多。

2. 电容器的并联

电容器并联是指两只或两只以上电容器头头相接，尾尾相接，电容器的并联如图 4.10 所示，电容器并联后的总容量等于所有并联电容器的容量之和。以图 4.10(a) 所示电路为例，并联后总容量为

$$C = C_1 + C_2 + C_3 = 5 + 5 + 10 = 20(\mu\mathrm{F})$$

电容器并联后的总耐压以耐压最小的电容器的耐压为准，仍以图 4.10(a) 所示电路为例，C_1、C_2、C_3 耐压不同，其中 C_1 的耐压最小，故并联后电容器的总耐压以 C_1 耐压 6.3 V 为准，加在并联电容器两端的电压不能超过 6.3 V。

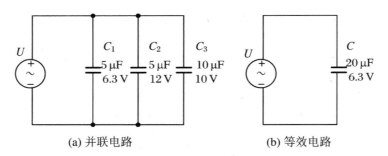

(a) 并联电路　　　　　(b) 等效电路

图 4.10　电容器的并联

并联电容器在电路中的分流由下面式子表示：

$$i_1 = \frac{iC_1}{C_1 + C_2}$$

$$i_2 = \frac{iC_2}{C_1 + C_2}$$

根据上述原则，图 4.10(a) 所示电路可等效为图 4.10(b) 所示电路。

4.2.3　电感的串联与并联

若干电感器连接成一个电路时，它们的总电感与若干电阻串、并联后的总阻值计算方法相似。

1. 电感的串联

如果在一段电路上几个电感依次首尾相连，各个电感中通过同一电流，这种连

接方法称为电感的串联,如图 4.11 所示为 2 个电感串联的电路。当电感器之间的磁场无相互作用时,可用下面的公式计算:

$$L = L_1 + L_2$$

如果电感器的磁场之间存在耦合,则总电感量计算公式为

$$L = L_1 + L_2 \pm 2M$$

式中,M 为两磁场相互作用引起的互感($+M$ 是两磁场同向的情况,$-M$ 为反向情况)。

串联电感在电路中的分压由下面式子表示:

$$u_1 = \frac{uL_1}{L_1 + L_2}$$

$$u_2 = \frac{uL_2}{L_1 + L_2}$$

2. 电感的并联

如果电路中有两个或更多个电感接在两个公共节点之间,这样的连接方式称为电感的并联,如图 4.12 所示是 2 个电感并联的电路。

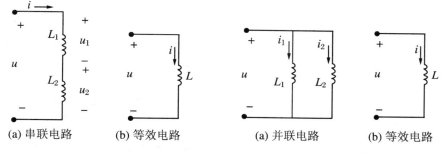

(a) 串联电路　　(b) 等效电路　　　　　(a) 并联电路　　(b) 等效电路

图 4.11　电感器的串联　　　　　**图 4.12　电感器的并联**

当电感器之间的磁场无相互作用时,用下面的公式计算:

$$L = \frac{L_1 L_2}{L_1 + L_2}$$

如果电感器的磁场之间存在耦合,则总电感量计算公式为:

$$L = \frac{1}{\dfrac{1}{L_1 \pm M} + \dfrac{1}{L_2 \pm M}}$$

并联电感在电路中的分流由下面式子表示:

$$i_1 = \frac{iL_2}{L_1 + L_2}$$

$$i_2 = \frac{iL_1}{L_1 + L_2}$$

4.3 交 流 电 路

4.3.1 交流电的基本概念

大小及方向都随时间作有规律变化的电压或电流,叫作交流电。一个随时间按正弦规律作周期性变化的电动势、电压和电流,分别叫作正弦电动势、正弦电压和正弦电流,统称为正弦交流电。正弦交流电动势、电压和电流在任一瞬间的数值称为瞬时值,其表达式为

$$e = E_m \sin(\omega t + \varphi_e)$$
$$u = U_m \sin(\omega t + \varphi_u)$$
$$i = I_m \sin(\omega t + \varphi_i)$$

由上式可知,一个正弦电流,当知道了 I_m、ω 和 φ_i 时,这个正弦电流就被确定了。

1. 幅值和有效值

正弦瞬时值中最大的值称为幅值或最大值,它确定了正弦量变化的范围,用带下标的大写字母表示,如 I_m、U_m、E_m 分别表示电流、电压及电动势的幅值。

正弦交流电的瞬时值随时间而改变,所以不能用瞬时值计量交流电的大小,而是用有效值来表示,正弦交流电有效值与最大值之间的关系为

$$I = \frac{I_m}{\sqrt{2}} \qquad E = \frac{E_m}{\sqrt{2}} \qquad U = \frac{U_m}{\sqrt{2}}$$

一般正弦电压或电流的大小都是指它的有效值,交流电压表和电流表的测量值也都是有效值,交流电气设备铭牌上的额定电压、额定电流也都是用有效值来表示的。

2. 角频率 ω

由于正弦量在一个周期 T 内相位角变化为 2π 弧度,且 $f = 1/T$,所以:

$$\omega = 2\pi/T = 2\pi f$$

式中,ω 的单位是 rad/s(弧度/秒)。

对于 $f = 50$ Hz 的工频交流电,其角频率为

$$\omega = 2\pi f = 2\pi \times 50 = 314(\text{rad/s})$$

3. 初相位与相位差

若有两个同频率的正弦交流电：

$$u = U_\mathrm{m}\sin(\omega t + \varphi_u)$$

$$i = I_\mathrm{m}\sin(\omega t + \varphi_i)$$

$t = 0$ 时的相位角称为初相位角或初相位，其中 u 的初相位为 φ_u，i 的初相位为 φ_i，而它们的相位差为

$$\varphi = (\omega t + \varphi_u) - (\omega t + \varphi_i) = \varphi_u - \varphi_i$$

由此可见，两个同频率正弦量的相位差等于它们的初相位之差。

4.3.2 正弦交流电路中电压与电流间的关系

在实际交流电路中，电阻 R、电感 L 和电容 C 这三个参数的影响都存在，但在研究某一具体电路时，为了使问题简化，经常抓住起主要作用的参数，而忽略其余两个参数的影响，这样的电路叫单一参数的电路。必须首先掌握单一参数元件电路中电压与电流之间的关系，因为其他电路元件是单一参数元件的组合而已。

在明确了每种参数的性质及其在交流电路中的作用后，可分析讨论电阻、电感和电容串联的交流电路。电阻、电感和电容组成的串联交流电路如图 4.13(a) 所示，电路中流过三个元件的电流是相同的。

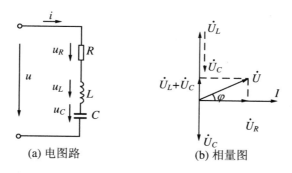

(a) 电图路　　　　　　(b) 相量图

图 4.13　电阻、电感与电容元件串联的交流电路

1. 电压与电流的关系

设电流 $i = I_\mathrm{m}\sin\omega t$ 为参考正弦量，于是电阻、电感和电容端电压的表达式分别为

$$u_R = I_\mathrm{m}R\sin\omega t$$

$$u_L = I_\mathrm{m}\omega L\sin(\omega t + 90°)$$

$$u_C = \frac{I_\mathrm{m}}{\omega C}\sin(\omega t - 90°)$$

根据基尔霍夫电压定律,则总电压应为

$$u = u_R + u_L + u_C = I_m R \sin\omega t + I_m \omega L \sin(\omega t + 90°) + \frac{I_m}{\omega C}\sin(\omega t - 90°)$$

同频率的正弦量相加仍然是同频率的正弦量,故总电压的表达式可写为

$$u = u_R + u_L + u_C = U_m \sin(\omega t + \varphi)$$

如果将电压 u_R、u_L、u_C 用相量表示,则总电压等于三个电压的相量和,即

$$\dot{U} = \dot{U}_R + \dot{U}_L + \dot{U}_C$$

与上式对应的相量图如图 4.13(b)所示。图中选 $\dot{I}$ 为参考相量,画在水平位置。从相量图可见,电感电压 $\dot{U}_L$ 和电容电压 $\dot{U}_C$ 反相,因此它们的作用是相互削弱的。由相量图(组成电压三角形)求得总电压有效值,即

$$U = \sqrt{U_R^2 + (U_L - U_C)^2} = \sqrt{(IR)^2 + (IX_L - IX_C)^2} = I\sqrt{R^2 + (X_L - X_C)^2}$$

也可写成

$$\frac{U}{I} = \sqrt{R^2 + (X_L - X_C)^2}$$

由上式可知,这种电路中电压与电流的有效值之比,具有对电流起阻碍作用的性质,称它为电路的阻抗,其单位是欧姆,即

$$|Z| = \sqrt{R^2 + (X_L - X_C)^2}$$

可见,阻抗 $|Z|$ 与 R 和 $(X_L - X_C)$ 三者之间的关系也可用一个直角三角形——阻抗三角形来表示,如图 4.14 所示。

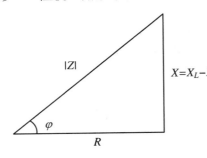

图 4.14　阻抗三角形

电源电压 u 与电流 i 之间的相位差 φ 也可以从电压三角形或阻抗三角形得出,即

$$\varphi = \arctan\frac{U_L - U_C}{U_R} = \arctan\frac{X_L - X_C}{R}$$

上式表明电压三角形和阻抗三角形是相似三角形,但要注意 $|Z|$、R 和 X 都不是向量,所以画阻抗三角形的三条边均不应带箭头。电源电压与电流的相位差 φ 角的大小和正负完全由电路的参数来决定,如果 $X_L > X_C$,即 $U_L > U_C$,则 $\varphi > 0$,表明在相位上电压 u 比电流 i 超前 φ 角,这种电路呈电感性;如果 $X_L < X_C$,即 $U_L < U_C$,则 $\varphi < 0$,表明在相位上电压比电流 i 滞后 φ 角,这种电路呈电容性。当然,也可能存在 $X_L = X_C$,即 $U_L = U_C$,则 $\varphi = 0$,表明电路中电压和电流同相位,电路呈现纯电阻性,这种电路称为谐振电路。

如果用向量表示电压与电流的关系,则表达式为:

$$\dot{U} = \dot{U}_R + \dot{U}_L + \dot{U}_C = \dot{I}R + j\dot{I}X_L - j\dot{I}X_C = \dot{I}[R + j(X_L - X_C)]$$

或

$$\frac{\dot{U}}{\dot{I}} = R + j(X_L - X_C) = R + jX$$

式中的 $R + j(X_L - X_C)$ 称为电路的复数阻抗(简称复阻抗),复数阻抗的实部为 R,虚部 $(X_L - X_C)$ 称为电抗,复数阻抗用大写字母 Z 表示,即

$$Z = R + j(X_L - X_C) = \sqrt{R^2 + (X_L - X_C)^2} e^{j\arctan\frac{X_L - X_C}{R}} = |Z| e^{j\varphi} = |Z| < \varphi$$

由阻抗关系式可知,复数阻抗的单位为欧姆,它代表了电路的电压与电流之间的关系,既表示了大小关系(反映在复数阻抗的模上),又表示了相位关系(反映在幅角 φ 上)。

向量电压与电流关系可写成:

$$\dot{U} = Z\dot{I}$$

上式在形式上和直流电路的欧姆定律相似,故称为交流电路的欧姆定律。

复数阻抗的幅角 φ 为电压与电流之间的相位差,对电感性电路 φ 为正,对电容性电路 φ 为负,应该注意复数阻抗不是时间函数,所以它不是向量,只是一个复数计算量。

2. 平均功率

由于电阻元件上要消耗电能,相应的平均功率为

$$P = \frac{1}{T}\int_0^T p\,\mathrm{d}t = \frac{1}{T}\int_0^T [UI\cos\varphi - UI\cos(2\omega t + \varphi)]\mathrm{d}t = UI\cos\varphi$$

上式与直流电路的功率计算公式不同,由上式可看出,有功功率不仅与电压和电流的有效值乘积 UI 成正比,而且还与 $\cos\varphi$ 成正比。$\cos\varphi$ 称为功率因数,相位差角 φ 又称为功率因数角。显然,因为 $-90° < \varphi < 90°$,所以 $0 < \cos\varphi < 1$,这就是说有功功率总小于或等于电压与电流有效值的乘积 UI。

从图 4.13(b)电压三角形可得出:

$$U\cos\varphi = U_R = IR$$

于是有

$$P = UI\cos\varphi = U_R I = I^2 R$$

3. 无功功率

对于 RLC 串联电路,从电压三角形得出:

$$U\sin\varphi = U_L - U_C$$

所以得无功功率:

$$Q = UI\sin\varphi = (U_L - U_C)I = U_L I - U_C I = (X_L - X_C)I^2 = Q_L - Q_C$$

无功功率 Q 的大小取决于 U、I 和 $\sin\varphi$ 的大小。

综上所述,一个交流发电机输出的功率不仅与发电机的端电压及其输出电流有效值的乘积有关,而且还与电路(负载)的参数有关。电路所具有的参数不同,则电压与电流间的相位差 φ 就不同,在同样电压 U 和电流 I 之下,这时电路的有功功率和无功功率也就不同。

4. 视在功率和功率三角形

在交流电路中,平均功率一般不等于电压与电流有效值的乘积,如将两者的有效值相乘,称为视在功率 S,即

$$S = UI = I^2 |Z|$$

交流电气设备是按照规定的额定电压 U_N 和额定电流 I_N 来设计和使用的,变压器的容量就是以额定电压和额定电流的乘积(即额定视在功率 $S_N = U_N I_N$)表示的。

视在功率的单位是伏安(V·A)或千伏安(kV·A),以便和有功功率、无功功率相区别。有功功率、无功功率和视在功率的关系为

$$P = UI\cos\varphi$$

$$Q = UI\sin\varphi$$

$$P^2 + Q^2 = S^2(\cos^2\varphi + \sin^2\varphi) = S^2$$

或

$$S = \sqrt{P^2 + Q^2}$$

由上式可见,视在功率 S、有功功率 P 和无功功率 Q 之间也可用一个直角三角形来表示,如图 4.15 所示,称它为功率三角形。

功率、电压和阻抗三角形是相似的,因为将电压三角形每边乘以电流 I 即可得到功率三角形,而将电压三角形每边除以电流 I 即可得到阻抗三角形,为了分析和记忆将它们同时表示在如图 4.15 中。应该注意,功率 P、Q 及 S 都不是正弦量,所以不能用

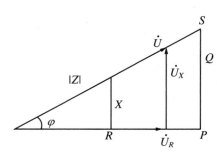

图 4.15　阻抗、电压、功率三角形

相量来表示。RLC 串联正弦交流电路是一个典型电路,其他的 RL 串联电路和 RC 串联电路都可以看成是它的特例。

第5章 常用工具及焊接技术

常用工具是电子产品和电气设备制作、组装和维修过程中必备的工具,合理使用这些工具就能高效、保质和顺利地完成工作。

5.1 常用工具

1. 测电笔

测电笔又称验电器,是检验导线和电气设备是否带电的一种电工常用工具,分高压和低压两类。图5.1所示为低压测电笔。

图5.1 低压测电笔

为便于携带,测电笔通常做成笔状,前段是金属探头,内部依次装有安全电阻、氖管和弹簧,弹簧与笔尾的金属体相接触。当用电笔测试带电体时,电流经带电体、电笔、人体及大地形成通电回路,当带电体与大地之间的电位差超过60 V时,电笔中的氖管就会发光,低压测电笔检测的电压范围为60~500 V。

使用前,务必先在正常电源上验证氖管能否正常发光,以确认测电笔验电可靠。使用时必须手指触及笔尾的金属部分,并使氖管小窗避光、朝向自己,以便观测氖管的亮暗程度,避免因光线太强造成误判断,现在有些螺丝刀也具有测电笔功能。

2. 电烙铁

电烙铁是焊接的基本工具,它的作用是把电能转换成热能,用于加热工件、融化焊锡、使元器件和导线牢固地连接在一起。按其加热方式,可以分为外热式、内热式和恒温式三种。它们都是利用电流的热效应进行焊接工作的,其规格有 25 W、30 W、35 W、100 W 等。显然由欧姆定律导出公式 $R = U/I = U^2/P$ 可知,功率较大的电烙铁,其电热丝电阻较小。例如,一般 30 W 电烙铁的内阻约为 1.6 kΩ。

1）外热式电烙铁

外热式电烙铁的发热元件(指烙铁芯)在传热体的外部,如图 5.2 所示。其能量转换慢,一般加热约需 15~20 min,功率比较大,多用于电工作业。

烙铁头紧固螺丝
烙铁头
烙铁身 烙铁柄 电源线

图 5.2 外热式电烙铁

2）内热式电烙铁

内热式电烙铁由烙铁连接杆、烙铁手柄、烙铁头箍、烙铁芯、烙铁头五个部分组成,烙铁芯安装在烙铁头里面故称之为内热式。烙铁芯是采用镍铬合金电阻丝绕在瓷管上制成的,常温下 20 W 电烙铁的内阻约为 2.4 kΩ。通电后,镍铬电阻丝立即产生热量,由于它的发热元件在烙铁头内部,所以发热快,热量利用率高达 85%~90%以上,烙铁温度在 350 ℃左右。内热式电烙铁具有体积小、重量轻、升温快、耗电省和热效率高等优点,缺点是在焊接印制导线细的印制电路板时温度高一些,容易损坏印制板上的元件。由于镍铬电阻丝较细,容易烧断,另外烙铁头不易加工,更换不方便,小型内热式电烙铁结构如图 5.3 所示。

烙铁头 连接杆 手柄
电源线

图 5.3 内热式电烙铁

如果需要更换烙铁头时,可将烙铁头末端的头箍向后退出,用镊子在槽内撬松烙铁头,然后取出,换上新的烙铁头套上头箍即可。

使用新烙铁(或换新烙铁头)时,需将烙铁头上的氧化物用锉刀锉去,然后接通电源,估计到达焊锡溶化的温度时,在平滑的使用面上均匀涂以焊锡丝,如果烙铁头的温度过高,则烙铁头被氧化,焊锡呈滴状落下而挂不上锡,故要在温度不太高时涂锡。

烙铁头使用一段时间后,由于锡的扩散侵蚀及高温氧化,加上助焊剂中所含的腐蚀性物质使烙铁头产生化学腐蚀,使铜不断被消耗,造成烙铁头表面变得凹凸不平,遇到此情况要对烙铁头整形,可用砂纸和锉刀将其凹凸修成平滑面,以适合其要求。现在的新型内热式电烙铁烙铁头结构简单,拆装方便,寿命长,而且不用锉刀修饰不用挂锡,头部是尖的,适于小焊点的焊接。

3）恒温电烙铁

由于在焊接集成电路、晶体管等元器件时,温度不能太高,焊接时间不能过长,否则就会因温度过高造成元器件的损坏,因而对电烙铁的温度要给以限制。而恒温电烙铁就可以达到这一要求,这是由于恒温电烙铁内装有带磁铁式的温度控制器,控制通电时间而实现温控,即给电烙铁通电时,烙铁的温度上升,当达到预定的温度时,因磁体传感器达到了居里点温度而磁性消失,从而使磁芯触点断开,这时便停止向电烙铁供电;当温度低于磁体传感器的居里点时便恢复磁性,吸动磁芯开关中的永久磁铁,使控制开关的触点接通,继续向电烙铁供电。如此循环往复,便达到了控制温度的目的,恒温电烙铁结构如图 5.4 所示。

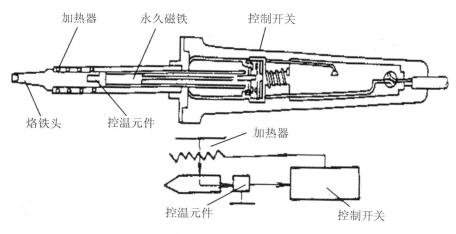

图 5.4　恒温电烙铁

3. 五金工具

在实验、实习等实践活动中,操作过程经常用到如图 5.5 所示的五金工具。

1）尖嘴钳

尖嘴钳用于夹捏元器件或导线,特别适宜于狭小的工作区域。规格有

130 mm、160 mm、180 mm 等三种,其外形如图 5.5(a)所示。尖嘴钳可用来剪断 1 mm 以下细小的导线,夹持较小的螺钉、螺帽、垫圈、导线等,也可用来对单股导线整形(如平直、弯曲等)。尖嘴钳手柄套有绝缘耐压 500 V 的绝缘套,若使用尖嘴钳带电作业,应检查其绝缘是否良好,并在作业时金属部分不要触及人体或邻近的带电体。

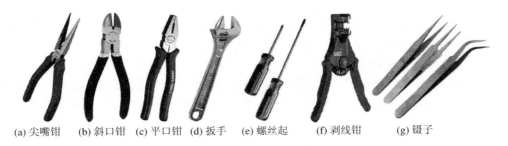

(a) 尖嘴钳　(b) 斜口钳　(c) 平口钳　(d) 扳手　(e) 螺丝起　(f) 剥线钳　(g) 镊子

图 5.5　常用五金工具

2) 斜口钳

斜口钳又称断线钳,是专用于钳切元器件引线和金属导线的工具,不能剪切超过 1.6 mm 的电线,可以配合尖嘴钳做拨线用,如图 5.5(b)所示。钳切时要使钳头向下,以防切下的线头飞出伤及眼睛或其他人。

3) 平口钳

其外形如图 5.5(c)所示。钳口可用来弯绞或钳夹导线线头,齿口可用来紧固或起松螺母,刀口可用来剪切导线或钳削导线绝缘层,侧口可用来铡切导线线芯、钢丝等较硬线材。平口钳规格有 150 mm、175 mm、200 mm 等三种,均带有橡胶绝缘套管,可适用于 500 V 以下的带电作业。

使用平口钳时应注意:

(1) 使用前,先检查平口钳绝缘是否良好,以免带电作业时造成触电事故。

(2) 在带电剪切导线时,不得用刀口同时剪切不同电位的两根线(如相线与零线、相线与相线等),以免发生短路事故。

4) 活动扳手

活动扳手是用来拧紧或拆卸六角螺钉(母)、螺栓的专用工具。它主要由呆板唇、活板唇、板口、蜗轮、轴销和手柄等组成,如图 5.5(d)所示,使用时要根据螺母的大小选用相应规格的活扳手,并调整开口。

5) 螺丝刀

螺丝刀又称螺丝旋具,是用来紧固或拆卸螺钉的常用工具。其规格按刀具长度分有 50 mm、100 mm、150 mm 和 200 mm,按头部形状可分为一字形和十字形两种,如图 5.5(e)所示。

螺丝刀的使用方法:

(1) 螺丝刀较大时,除大拇指、食指和中指要夹住握柄外,手掌还要顶住柄的末端以防旋转时滑脱。

(2) 螺丝刀较小时,用大拇指和中指夹着握柄,同时用食指顶住柄的末端用力旋动。

(3) 螺丝刀较长时,用右手压紧手柄并转动,同时左手握住起子的中间部分(不可放在螺丝刀刀口方向,以免将手划伤),以防止起子滑脱。

使用螺丝刀的注意事项:

(1) 带电作业时,手不可触及螺丝刀的金属杆,以免发生触电事故。

(2) 不应使用金属杆直通握柄顶部的螺丝刀。

(3) 为防止金属杆触到人体或邻近带电体,金属杆应套上绝缘管。

6) 剥线钳

剥线钳是专用于剥削较细小导线绝缘层的工具,它由钳口和手柄两部分组成,其外形如图 5.5(f)所示。使用剥线钳剥削导线绝缘层时,先将要剥削的绝缘长度用标尺定好,然后将导线放入相应的刃口中(比导线直径稍大)。剥线钳钳口分有 0.5~3 mm 等多个直径切口,用于匹配不同规格线的芯线直径,再用手将钳柄一握,导线的绝缘层即被剥离。切口过大难以剥离绝缘层,切口过小会切断芯线。

7) 镊子

镊子的分类很多,在各种实际应用场合主要是以下两种:尖头镊子和弯头镊子,如图 5.5(g)所示。镊子的使用主要是夹持小的元器件,辅助焊接,弯曲电阻、电容、导线的作用。平时不要把镊子对准人的眼睛或其他部位。

5.2　焊　接　技　术

焊接是将两个或两个以上分离的工件,按一定的形式和位置连接成一个整体的工艺过程。焊接的实质,是利用加热或其他方法,使焊料与被焊金属原子之间互相吸引、互相渗透,依靠原子之间的内聚力使两种金属达到永久、牢固地结合。

现代焊接技术可分为熔焊、压力焊和钎焊三大类。熔焊是焊接过程中,焊件接头加热至熔化状态(母材熔化),不加压力就完成焊接的方法,如电弧焊、气焊及等离子焊等。压力焊是焊接过程中,必须对焊件加压力完成焊接的方法,在这一过程中可以加热也可以不加热,如超声波焊、脉冲焊及锻焊等。钎焊是采用比母材熔点低的金属材料作钎料,将钎料和焊件加热到高于钎料熔点,但低于材料熔点的温度,利用液态钎料润湿母材,填充接头间隙并与母材相互扩散实现连接焊件的方法,如火焰钎焊、电阻钎焊及真空钎焊等。根据使用钎料的熔点不同,也可将钎焊分为软钎焊(熔点低于 450 ℃)和硬钎焊(熔点高于 450 ℃)两种。

软钎焊中的锡焊是电子工业中应用最普遍的焊接技术,在电气工程中占有重要的地位,也是电工、电子实践操作应掌握的技能之一。

5.2.1　焊接材料

焊接材料包括焊料(又称焊锡)和焊剂(又称助焊剂),它对焊接质量的保证有决定性的影响。

1. 焊料

焊料是易熔金属,熔点应低于被焊金属。焊料溶化时,在被焊金属表面形成合金而与被焊金属连接到一起,目前主要使用锡铅焊料,也称焊锡,表 5.1 列出了四种常用低温焊锡的参数。锡铅焊料(锡与铅熔合成合金),具有一系列锡与铅不具备的优点:

(1)熔点低,有利于焊接。锡的熔点在 232 ℃,铅的熔点在 327 ℃,但是作成合金之后,它开始熔化的温度可以降到 183 ℃。

(2)提高机械强度,锡和铅都是质软、强度小的金属,如果把两者熔为合金,则机械强度就会得到很大的提高。

(3)表面张力小,黏度下降,增大了液态流动性,利于焊接时形成可靠接头。

(4)抗氧化性好,铅具有抗氧化性的优点在合金中继续保持,使焊料在熔化时减少氧化量。

(5)降低价格,锡是非常贵的金属,而铅很便宜,铅的成分越多,焊锡的价格也越便宜。

表 5.1　四种常用低温焊锡的参数

序号	Sn/%	Pb/%	Bi/%	Cd/%	熔点/℃
1	40	20	40		110
2	40	23	37		125
3	32	50		18	145
4	42	35	23		150

手工烙铁焊接常用管状焊锡丝,它是将焊锡制成管状而内部填充助焊剂,为了提高焊锡的性能,在优质松香中加入活性剂。焊料成分一般是含锡量 60%~65%

的锡铅合金。焊锡丝直径有 0.5 mm、0.8 mm、0.9 mm、1.0 mm、1.2 mm、1.5 mm、2.0 mm、2.3 mm、2.5 mm、3.0 mm、4.0 mm、5.0 mm 等规格。

2. 焊剂（助焊剂）

助焊剂用于清除氧化膜，保证焊锡浸润的一种化学剂。

1）助焊剂的作用

除去氧化膜，其实质是助焊剂中的氯化物、酸类同氧化物发生还原反应，从而除去氧化膜。反应后的生成物变成悬浮的渣，漂浮在焊料表面，防止再次氧化。液态的焊锡及加热的焊件金属都容易与空气中的氧接触而氧化。助焊剂在熔化后，漂浮在焊料表面，形成隔离层，因而防止焊接面的氧化，减小表面张力，增加焊锡的流动性，有助于焊锡浸润，使焊点美观。助焊剂具备控制含锡量，整理焊点形状，保持焊点表面光泽的作用。

2）对助焊剂的要求

熔点应低于焊锡，加热过程中热稳定性好，浸润金属表面能力强，并应有较强的破坏金属表面氧化膜层的能力。它的组成成分不与焊料或金属反应，无腐蚀性，呈中性，不易吸湿，易于清洗去除。

3）助焊剂的应用

无机类的焊剂活性最强，常温下能除去金属表面的氧化膜，但这种强腐蚀性作用很容易损伤金属及焊点，电子焊接中是不用的。这种焊剂用机油乳化后，制成一种膏状物质，称焊油，虽然活性很强，焊后可用溶剂清洗，但很难清除像导线绝缘皮内，元器件根部等溶剂难以到达的部位，因此除非特别困难，一般电子焊接中不使用该焊剂。有机焊剂中酸、卤素胺类虽然有较好的助焊作用，但是也有一定的腐蚀性，残渣不易清理，且挥发物对操作者有害。

松脂的主要成分是松香酸和松香脂酸酐，在常温中几乎没有任何化学活力，呈中性，而当加热到熔化时，表现为酸性，可与金属氧化膜发生化学反应，变成化合物而悬浮在液态焊锡表面，也起到焊锡表面不被氧化的作用，同时能降低液态焊锡表面张力，增加它的流动性。焊接完成恢复常温后，松香又变成稳定的固体，无腐蚀，绝缘性强，经常使用松香溶于酒精制成的"松香水"，松香同酒精的比例一般以 1:3 为宜。在松香水中加入活化剂，如三乙醇胺，可增加它的活性，只是在浸焊或波峰焊的情况下才使用。

应该注意，松香反复加热后会产生碳化（发黑）而失效，因此发黑的松香是不起助焊作用的。现在出现一种新型焊剂——氢化松香，它由松脂中提炼而成。其特点是在常温下性能比普通松香稳定，加热后酸价高于普通松香，因而有更强的助焊作用，表 5.2 为几种国产助焊剂的配方及性能。

表 5.2　部分国产助焊剂的配方及性能

品　种	配　方（质量百分数）	可焊性	活　性	适 用 范 围
松香酒精焊剂	松香 33 无水乙醇 67	中	中性	印制板、导线焊接
盐酸二乙胺焊剂	盐酸二乙胺 4 三乙醇胺 6 松香 20 正丁醇 10 无水乙醇 60	好	有	手工烙铁焊接电子元器件、零部件
盐酸苯胺焊剂	盐酸苯胺 4.5 三乙醇胺 2.5 松香 23 无水乙醇 60 溴化水杨酸 10	好	轻度腐蚀性	同上，可用于搪锡
201 焊剂	溴化水杨酸 10 树脂 20 松香 20 无水乙醇 50	好	轻度腐蚀性	印制板涂覆
氯化锌焊剂	$ZnCl_2$ 饱和水溶液	很好	强腐蚀性	各种金属制品钣金件
氯化胺焊剂	乙醇 70 甘油 30 NH_4Cl 饱合	很好	强腐蚀性	焊接各种黄铜零件

助焊剂的选用应优先考虑被焊金属的焊接性能及氧化、污染等情况。铂、金、银、铜、锡等金属的焊接性能较强，为减少助焊剂对金属的腐蚀，多采用松香作为助焊剂。焊接时，尤其是手工焊接时多采用松香焊锡丝。铅、黄铜、青铜、铍青铜及带有镍层金属材料的焊接性能较差，焊接时应选用有机助焊剂，助焊剂能减小焊料表面张力，促进氧化物的还原作用。有机助焊剂的焊接能力比一般焊锡丝要好，但要注意焊后的清洗问题。

5.2.2　锡焊机理与条件

锡焊就是将熔点比焊件（如铜引线、印制电路板的铜箔）低的焊料（锡铅合金），焊剂（松香）和焊件共同加热到一定的锡焊温度（约 280～360 ℃），在焊件不熔化的情况下，焊料熔化并浸润焊件表面，依靠二者的扩散，在冷却之后，形成焊件的连接。

1. 锡焊机理

锡焊的过程是焊料、焊件、焊剂在焊接加热的作用下发生相互间物理-化学作用的过程。从工艺角度来看焊锡过程有三个阶段：① 预热焊件和焊料的结合面；② 熔融焊料并在助焊剂的作用下，填入焊件缝隙，与之发生反应，扩散而形成界面合金薄层；③ 焊料冷却、结晶，把焊件"粘连"在一起，形成接头。

上述三个阶段没有明显的界限，而是紧密联系在一起的一个完整过程。其机理就是焊件通过焊料结合起来的物理-化学过程。

1）浸润

锡焊第一个阶段就是熔化的焊料在固体金属表面充分漫流后，产生润湿，称浸润。干净清洁的金属表面看来是光滑的，实际上用显微镜可以看出表面上有很多的凹凸不平的晶粒界面和伤痕。熔融的焊料沿着凹凸与伤痕就产生了毛细管力，引起润湿漫流。

焊剂的作用是用于溶解氧化物，或者生成氢气、水蒸气和其他化合物，清洁并活化固体表面，减少熔融焊料金属表面张力进一步改善熔融金属对固体金属表面的润湿和亲合性。在焊接前常用焊料金属润湿焊件金属表面，预涂锡可以使焊件表面获得保护膜，使焊接时两个相邻焊接面更牢固地结合。

2) 扩散作用和合金效应

浸润现象同时产生的还有焊料对固体金属的扩散作用，在固体金属和焊料的边界形成一层金属化合物层，即合金层。其成分和厚度取决于焊件、焊料之间的金属性质，焊剂的物理化学性质、焊接的工艺条件，这里工艺条件指的是焊接温度、时间和焊接界面压力等。由于扩散作用形成合金层的物理化学过程，称为合金效应。

如果是锡焊铜，其界面合金层为Cu6Sn5、Cu3Sn、Cu31Sn8，厚度为 3～10 mm。理想的焊锡接头，在结构上应该有极薄而比较严密的合金层，否则出现虚焊、假焊现象。

2. 锡焊的条件

（1）焊件必须具有充分的可焊性。并非所有的金属都具有良好的可焊性，如铬、钼、钨等，可焊性非常差，即使一些容易焊的金属，如紫铜、黄铜等，因为表面容易产生氧化膜，为了提高可焊性，须采用表面镀锡、镀银等措施。

（2）焊接表面清洁。进行焊接前，焊件表面的任何油污、杂质和氧化膜必须清除，否则难以保证焊接质量。

（3）采用合适的焊剂。焊剂的作用是清除焊件表面的氧化膜并且减小焊料融化后的表面张力，以利润湿。不同焊件、不同焊接工艺选择不同的焊剂，如镍铬合金、不锈钢、铝等材料，没有专用的特殊焊剂是很难实现焊接的。

（4）加热到适当的温度。加热过程中，不但将焊锡加热熔化，而且将焊件加热到熔化焊锡的温度。只有在足够高的温度下（手工烙铁焊接温度 280～360 ℃），焊料才能充分浸润，并充分扩散形成合金结合层。

5.2.3 焊接技术

长期从事电子产品生产的人们总结了焊接的四要素，即材料、工具、方式方法和操作者，最主要的是人的技能，对初学者来讲，既要掌握焊接理论知识，又要熟练操作技能，才能确保焊接质量。

1. 焊接操作姿势

手工操作时，应注意保持正确的姿势，有利于健康和安全。正确的操作姿势是：挺胸端正直坐，切勿弯腰，鼻尖至烙铁头尖端至少应保持 20 cm 的距离。

1）电烙铁握法

根据电烙铁大小的不同和焊接操作时的方向和工件不同，可将手持电烙铁的方法分为反握法、正握法和握笔法三种，如图 5.6 所示，握笔法由于操作灵活方便，被广泛采用。

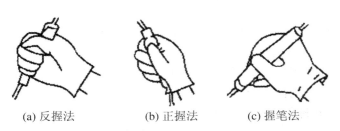

(a) 反握法　　　　　(b) 正握法　　　　　(c) 握笔法

图 5.6　电烙铁握法

2）焊锡丝拿法

手工操作时常用的焊料是焊锡丝，用拇指和食指捏住焊锡丝，端部留出 3～5 cm 的长度，并借助中指往前送料。由于焊锡丝中有一定比例的铅，它是对人体有害的重金属，因此操作时应戴手套或操作后洗手。

2. 焊接前的准备

1）印制电路板的检查

在插装元件前一定要检查印制电路板的可焊性，图形、孔位及孔径是否符合图纸要求，有无断线、缺扎等，表面处理是否合格，有无氧化发黑或污染变质并看其有无短路、断路以及是否涂有助焊剂或阻焊剂等。大批量生产的印制板，出厂前必须按检查标准与项目进行严格检测，所以，其质量都能保证。但是，一般研制品或非正规投产的少量印制板，焊接前必须仔细检查，否则在整机调试中，会带来很大麻烦。如只有几个焊盘氧化严重，可用蘸有无水酒精的棉球擦拭之后再焊接。如果板面整个发黑，建议不使用该电路板，若必须使用，可把该电路板放在酸性溶液中浸泡，取出清洗、烘干后涂上松香酒精助焊剂再使用。

2）焊件表面的处理

焊接前要对焊件的表面进行"一刮、二镀"的操作。"刮"就是处理焊件的表面，焊接前，应先进行被焊件表面的清洁工作，有氧化层的要刮去，有油污的要擦去；"镀"是指对被焊部位进行搪锡。

3）元器件引脚的成型

几种元器件引脚的成型方法如图 5.7 所示。

4）元器件的插装

印制电路板焊接前要把元器件插装在电路板上，插装元器件有水平和垂直两种插装方法。

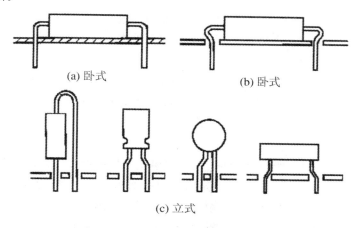

图 5.7 几种元器件引脚的成型方法

（1）水平插装。也称为贴板插装或卧式插装，它是将元器件水平地紧贴在印制电路板上的插装方式，如图 5.7(a)、(b)所示。这种插装方法稳定性好，插装简单，容易排列，维修方便，但不利于散热，且对某些安装位置不适应，电阻和二极管常采用这种插装方式。

（2）垂直插装。也称为悬空插装或立式插装，它是将元器件垂直插装在电路板上的一种方法，如图 5.7(c)所示。它所插装的元件密度大，适应范围广、有利于散热，拆卸较方便，但插装较复杂并且需要控制一定的插装高度以保持美观一致，一般晶体三极管常采用这种插装方式。

3. 手工焊接方法

手工锡焊作为一种操作技术，必须要通过实际训练才能掌握，对于初学者来说进行五步焊接法训练是非常有成效的，如图 5.8 所示，它是掌握手工焊接的基本方法。

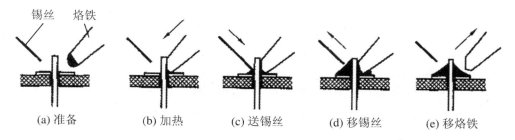

图 5.8 焊接五步操作法

1）准备施焊

准备好焊件，电烙铁加温到工作温度，烙铁头保持干净并吃好锡，一手握好电烙铁，一手拿好焊锡丝，电烙铁与焊锡丝分居于被焊工件两侧，如图5.8（a）所示。

2）加热焊件

如图5.8（b）烙铁头接触被焊工件，包括元件引脚和焊盘在内的整个焊件全部要均匀受热，一般让烙铁头倾斜约45°，增加与焊件的接触面，以保持焊件均匀且迅速受热，不要施加压力或随意移动烙铁。

3）送入焊丝

当焊件部位升温到焊接温度时，送上焊锡丝并与焊盘部位接触，熔化并润湿焊点，焊锡应从电烙铁对面接触焊件，如图5.8（c）所示。送锡要适量，一般以有均匀、薄薄的一层焊锡，能全面润湿整个焊点为佳。如果焊锡堆积过多，内部就可能掩盖着某种缺陷隐患，而且焊点的强度也不一定高，但焊锡如果填充得太少，就不能完全润湿整个焊点。

4）移去锡丝

熔入适量锡丝，这时被焊件已充分吸收锡丝并形成一层薄薄的焊料层后，即焊锡浸满焊盘，迅速移去焊锡丝，如图5.8（d）所示。

5）移开烙铁

移去锡丝后，在助焊剂（松香）还未挥发完之前，迅速移去电烙铁，否则将留下不良焊点。电烙铁撤离方向与焊锡留存量有关，一般以与轴向成45°角的方向撤离，如图5.8（e）所示。撤掉电烙铁时，应往回收，回收动作要迅速、熟练，以免形成拉尖，撤离电烙铁的同时，应轻轻旋转一下，这样可以吸去多余的焊锡。

另外，焊接环境空气流动不宜过快，切忌在风扇下焊接，以免影响焊接温度。焊接过程中不能振动或移动焊件、以免影响焊接质量。

焊接注意事项：

（1）要注意安全，防止触电，焊锡不要到处甩，勿要烫伤人、电源线及衣物等。

（2）电烙铁的温度和焊接的时间要适当，焊锡量要适中，不要过多。

（3）烙铁头要同时接触元件脚和线路板，使二者在短时间内同时受热达到焊接温度，以防止虚焊。

（4）切不可将烙铁头在焊点上来回移动，也不能用烙铁头向焊接脚上刷锡。

（5）焊接二极管、三极管等怕热元件时用镊子夹住元件脚，使热量通过镊子散失，不至于烫坏元件。

（6）焊接集成电路时，一定等技术熟练后方可进行，注意时间要短，在焊接CMOS集成电路的时候要断开烙铁电源，防止静电击穿集成电路。

（7）电烙铁用后一定要稳妥的放于烙铁架上，并注意导线等物不要碰烙铁。

4. 焊点质量

焊点的质量直接关系到整块电路板能否正常工作,也是每位同学要学会并掌握的基本功。质量好的焊点称标准焊点,如图 5.9(a)所示,在交界处,焊锡、铜箔、元件三者较好地融合在一起。在图 5.9(e)中,从表面看焊锡把引线给包住了,但焊点内部并未完全融合,焊点内部有气隙或油污等,这种焊点为虚焊。产生虚焊点的主要原因是元件脚、印制电路板铜箔表面不清洁,或者烙铁头温度偏低,元件脚、印制电路板铜箔与烙铁头接触表面太小导致受热太慢,温度不够,也有焊锡用量不当引起的。要避免出现虚焊,重点是搞好清洁处理。焊接时使电烙铁头与焊接元件及铜箔接触面积要尽可能大些。掌握好焊接时间,一般一个焊点约用 2～3 s。焊接时间短,表面易出现毛刺、不光滑,如图 5.9(b)所示。焊后焊点应饱满、光亮、无裂痕、无毛刺,焊锡层均匀薄润,结合处的轮廓隐约可见,焊接外形应以焊件为中心、匀称、成裙形拉开,铜箔、元件较好地融合在一起。若时间长,易损坏焊接部件及元件。焊点上的焊锡要适当,以包满引线为宜,呈圆锥形,焊锡过多是浪费,如图 5.9(c),焊点大容易出现焊点互相桥连现象,如图 5.9(d),焊点小易出现接触不良现象。

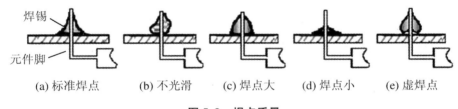

图 5.9 焊点质量

5. 拆焊

在装配、调试和维修过程中,常需将已经焊接的连线或元器件拆除或更换,这个过程就是拆焊。在实际操作上,拆焊比焊接难度更大,更需要用恰当的方法和必要的工具,如果方法不得当,就会使印制电路板受到破坏,也会使更换下来而能利用的元器件无法重新使用。

1) 拆焊工具

(1) 吸锡器。普通元器件拆焊时常用来吸出焊点上的焊锡。其形式有多种,常用管形吸锡器,其吸锡原理类似医用注射器,它是利用吸气筒内压缩弹簧的张力,推动活塞向后运动,在吸口部形成负压,将熔化的锡液吸入管内。

(2) 吸锡电烙铁。主要用于电工和电子设备装修中拆换元器件,是手工拆焊中最为方便的工具之一,如图 5.10 所示。它是在普通直热式烙铁上增加吸锡结构,使其具有加热、吸锡两种功能。

（3）镊子。拆焊时，最为适用的是端头尖细的镊子，可用来夹持元器件引线，挑起元器件弯脚或线头。

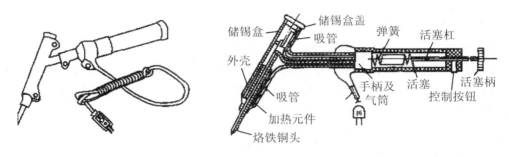

储锡盒盖　储锡盒　吸管　弹簧　活塞杠　外壳　吸管　手柄及气筒　活塞　活塞柄　加热元件　控制按钮　烙铁铜头

图 5.10　吸锡电烙铁

2）拆焊方法

对印制电路板上焊接元器件的拆焊，与焊接时一样，动作要快，对印制电路板焊盘加热时间要短，否则将烫坏元器件或导致印制电路板的铜箔起泡剥离。常用的拆焊方法有分点拆焊法、集中拆焊法和间断加热拆焊法三种。

（1）分点拆焊法。对于印制电路板的电阻、电容、晶体管、普通电感、连接导线等元件，元件腿不多，一般只有两个焊点，可用分点拆焊法，先拆除一端焊接点的引脚，再拆除另一端焊接点的引脚并将元件（或导线）取出。但是，因为印制电路板焊盘经反复加热后铜箔很容易脱落，造成印制板损坏，所以这种方法不宜在一个焊点上多次使用。在可能多次更换的情况下可用图 5.11 所示的断线法更换元件。先将待换元件在离熔点较近处剪断，然后用搭焊或细导线绕焊的方法更换元件。

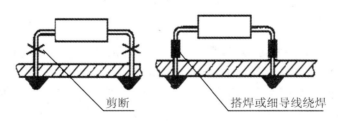

剪断　搭焊或细导线绕焊

图 5.11　断线法更换元件

（2）集中拆焊法。对于焊点多而密的集成电路，这类多引脚的接插件和焊点距离很近的转换开关、立式装置等元件，可采用集中拆焊法。先用电烙铁和吸锡工具，逐个将焊接点上的焊锡吸去，再用排锡管将元器件引脚逐个与印制电路板焊盘分离，最后将元器件拔下。

（3）间断加热拆焊法。对于有塑料骨架且引线多而密集的元器件，由于它们的骨架不耐高温,宜采用间断加热拆焊法。拆焊时,先用烙铁加热,吸去焊接点焊锡,露出元器件轮廓,再用镊子或捅针挑开焊盘与引脚间的残留焊锡,最后用烙铁头对引脚未挑开的个别焊接点加热,待焊锡熔化时,趁热拔下元器件。

5.2.4　工业生产锡焊

各种机械化、自动化的焊接工艺及装备的发展,很大程度上以其高效、省力等优点而取代了手工焊接操作。在印制电路板工业生产中大量采用自动焊接机进行焊接,出现了浸焊、波峰焊以及再流焊等工业生产用焊接技术。

1. 浸悍

在工业生产中对于多品种小批量生产的印制电路板一般采用浸焊的方法。浸焊的设备较简单,操作也容易掌握,但焊渣不易清除,质量不易保证。

1) 浸焊方法

先将元器件插装在印制电路板上,再将安装好的印制电路板浸入熔化状态的焊料液中,一次完成印制板上的焊接,焊点以外不需连接的部分通过在印制板上涂阻焊剂或用特制的阻焊板套在印制板上来实现。

常采用的浸焊设备如图 5.12 所示,这两种浸焊设备都配备有预热及涂助焊剂的装置,还可以做到自动恒温。图 5.12(a) 为夹持式浸焊设备,由操作者掌握浸入时间,通过调整夹持装置可调节浸入角度;图 5.12(b) 为针床式浸焊设备,通过针架调节机构可以控制浸焊时间,浸入及托起的角度。

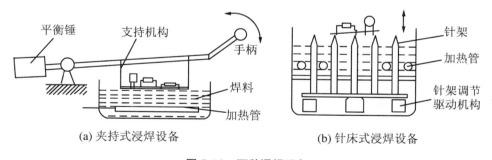

(a) 夹持式浸焊设备　　　　(b) 针床式浸焊设备

图 5.12　两种浸焊设备

2) 浸焊工艺过程

浸焊除了有预热的工序外,焊接过程基本与手工焊接类似。

(1) 元器件安装。除了不能承受焊料槽内温度的元器件及不能清洗的元器件外,在浸焊前要把元器件插装在印制电路板上。

(2) 加助焊剂。浸焊所用的助焊剂为松香系列,助焊剂的涂敷方法如下:

① 浸焊前可用排笔向被焊部位涂刷助焊剂,涂刷时印制电路板应竖立,不要

使阻焊剂从插件孔流到反面,以免污染插好的元器件。

② 也可采用发泡法,即使用气泵将助焊剂溶液泡沫化,从而均匀涂敷在印制板上。

(3) 预热。加助焊剂后,要用红外线加热器或热风预热,加热到 100 ℃ 左右,再进行浸焊。

(4) 浸焊。预热到适当的温度后,随即进行浸焊。在焊料槽中,印制电路板接触熔化状态的焊料,达到一次焊接的目的。浸焊印制电路板的焊料通常都是采用锡质量分数为 60% 或 63% 的锡铅焊料,焊料槽的温度保持在 240～260 ℃,一般浸焊时间为 3～5 s。

(5) 冷却。印制电路板被拉离焊料槽的液面后,由于仍有余热(热传导的惯性还会使温度上升一些),可能使元器件和印制电路板发生过热和损坏。因此,拉离液面的印制电路板,应立即用冷风或其他方法进行冷却。

(6) 特殊元器件的焊接。对于不能承受焊料槽内温度的元器件以及不能清洗的元器件,在浸焊前,没有往印制电路板上插装,待浸焊完并冷却之后,再将这类元器件插装到电路板上用烙铁焊接,这时,可以采用散热器散热。

3) 清洗

浸焊后的清洗主要是对助焊剂残渣的处理,清洗液一般用异丙醇或其他有机溶剂。

4) 浸焊后的修理

印制电路板浸焊后,经过检查,如发现个别的不合格焊点,可用烙铁进行修焊。如发现缺陷较多,特别是焊料润湿多数不良时,可以再浸焊一次,但最多只能重复浸焊两次。

2. 波峰焊

元件自动装配机加上波峰焊机是现在大量采用的自动焊接系统。波峰焊适合于大面积、大批量印制电路板的焊接,在工业生产中得到了广泛的应用。

1) 波峰焊的方法

液态焊料经过机械泵或电磁泵打上来,呈现向上喷射的状态,经喷嘴喷向印制电路板,焊接时,由传送带送来的印制电路板以一定速度和倾斜角度与焊料波峰接触同时向前移动,完成焊接,这种焊接方法称为波峰焊,波峰焊的方法及波峰焊机如图 5.13 所示。

2) 波峰焊的工艺流程

波峰焊除了在焊接时采用波峰焊机外,其余的工艺及操作与浸焊类似。其工艺流程可表述为如图 5.14 所示流程。

3) 波峰焊的优缺点及改进

(1) 波峰焊的优点:

① 由于大量的焊料处于流动状态,使得印刷电路板的被焊面能充分地与焊料接触,导热性好。

② 显著地缩短了焊料与印制电路板的接触时间。

③ 运送印制电路板的传动系统只作直线运动,制作简单。

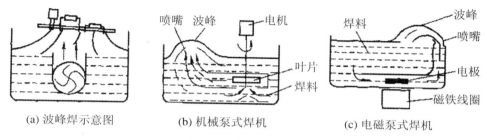

图 5.13　波峰焊及波峰焊机示意图

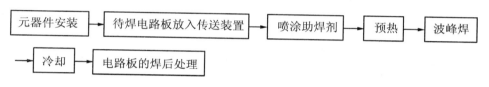

图 5.14　波峰焊工艺流程

(2) 波峰焊的缺点:焊料在很高的温度下以很高的速度喷向空气中往往会造成各种形式的焊接缺陷。

(3) 波峰焊的改进措施:针对波峰焊的焊料在喷射形成波峰时所存在的缺陷,许多国家的公司都做了很多努力进行改进。如美国 RCA 公司的阶流焊接方式,Eletrovert 公司的标准 λ 形焊接方式等,此外,瑞士研制的电磁式电动泵,能把焊料与空气隔开,喷射动作只是在印制电路板到达喷口时才开始,避免了无用的流动,氧化非常少。

3. 再流焊

再流焊是伴随微型化电子产品的出现而发展起来的一种新的锡焊技术。再流焊操作方法简单,焊接效率高、质量好、一致性好,而且仅元器件引脚下有很薄的一层焊料,是一种适合自动化生产的微电子产品装配技术。

1) 再流焊

又称回流焊,它是先将焊料加工成一定粒度的粉末,加上适当液态粘合剂,使之成为有一定流动性的糊状焊膏,用它将待焊元器件粘在印制电路板上,然后加热使焊膏中焊料熔化而再次流动,从而将元器件焊到印制电路板上的焊接技术。

2）再流焊的工艺流程

再流焊的工艺流程如图 5.15 所示,首先将锡膏涂到电路板上,然后贴装元器件,检查是否有贴错元器件,再通过回流焊机(再流焊),将元器件一次焊上,最后进行测试和清洗,完成电路板的安装焊接。

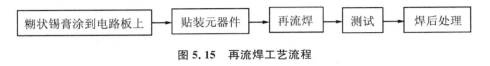

图 5.15　再流焊工艺流程

5.3　SMT 表面安装技术

表面安装技术(SMT——Surface Mounting Technology,也称表面装配技术、表面组装技术)是一门包括电子元器件、装配设备、焊接方法和装配辅助材料等内容的系统性综合技术;是突破了传统的印制电路板通孔基板插装元器件方式(THT——Through-Hole mounting Technology),在其基础上发展起来的第四代组装方法;是现在最热门的电子组装换代新观念,也是今后电子产品能有效地实现"轻、薄、短、小"多功能、高可靠、优质量、低成本的主要手段之一。

现代电子产品高性能的追求,计算机技术的高速发展和 LSI、VLSI、ULSI 的普及应用,对 PCB 的依赖性越来越大。PCB 制作工艺中的高密度(high density)、高层化(high layer)、细线路(fine-line)等技术的应用也越来越广泛。正因为这样,电子生产厂家迫切地需要 SMT 技术。与此同时,SMT 元器件及其装配技术也正在快速走入各种电子产品制造业,并将较快地替代现行的 PCB 通孔基板插装方法,成为新的 PCB 制作支柱工艺而推广到整个电子行业。

5.3.1　SMT 主要特点

1. 组装密度高

SMC(SMC——Surface Mounting Component,表面安装无源器件:电阻、电容、电感等)、SMD(SMD——Surface Mounting Device,表面安装有源器件:晶体管、集成电路等)的体积只有传统元器件的 1/3～1/10 左右,可以装在 PCB 的两面,有效利用了印制板的面积,减轻了电路板的重量。一般采用了 SMT 后可使电子产品的体积缩小 40%～60%,重量减轻 60%～80%。

2. 可靠性高

SMC 和 SMD 无引线或引线很短、重量轻,因而抗振能力强,焊点失效率比 THT 至少降低一个数量级,大大地提高了产品的可靠性。

3. 高频特性好

高可靠 SMT 密集安装减小了电磁干扰和射频干扰,尤其高频电路中减小了分布参数的影响,提高了信号传输速度,改善了高频特性,使整个产品性能提高。

4. 成本低

SMT 使 PCB 面积减小,成本降低;无引线和短引线使 SMD、SMC 成本降低,安装中省去引线成型、打弯、剪线的工序;频率特性提高,减少调试费用;焊点可靠性提高,减小调试和维修成本。一般情况下采用 SMT 后可使产品总成本下降 30%以上。

5. 便于自动化生产

目前穿孔安装印制板要实现完全自动化,还需扩大 40%原印制板面积,这样才能使自动插件的插装头将元件插入,若没有足够的空间,插件时将碰坏零件。而自动贴片机采用真空吸嘴吸放元件,真空吸嘴小于元件外形,可提高安装密度。事实上小元件及细间距器件均采用自动贴片机进行生产,以实现全线自动化,进一步提高生产效率。

5.3.2　表面安装元器件

1. 表面安装元器件的特点

应该说,电子整机产品制造工艺技术的进步取决于电子元器件的发展,与此相同,SMT 技术的发展,是由于表面安装元器件的出现。表面安装元器件称作贴片元器件或片状元器件,它有两个显著的特点:

(1) 在 SMT 元器件的电极上,有些完全没有引出线,有些只有非常短小的引出线;相邻电极之间的距离比传统的双列直插式集成电路的引线间距(2.54 mm)小很多,目前间距最小的达到 0.3 mm。在集成度相同的情况下,SMT 元器件的体积比传统的元器件小很多,或者说,与同样体积的传统电路芯片比较,SMT 元器件的集成度提高很多倍。

(2) SMT 元器件直接贴装在印制电路板的表面,将电极焊接在与元器件同一面的焊盘上。这样,印制板上的通孔只起到电路连通导线的作用,孔的直径仅由制板时金属化孔的工艺水平决定,通孔的周围没有焊盘,使印制板的布线密度大大提高。

2. 表面安装元器件的种类和规格

表面安装元器件基本上都是片状结构。从结构形状说,包括薄片矩形、圆柱形、扁平异形等。表面装配元器件同传统元器件一样,分为无源元件(SMC)、有源器件(SMD)和机电元件。

表面安装元器件按照使用环境分类,分为非气密性封装器件和气密性封装器件。非气密性封装器件对工作温度的要求一般为 0～70 ℃,气密性封装器件的工作温度范围为 - 55～ + 125 ℃。气密性封装器件价格昂贵,一般使用在高可靠性产品中。

片状元器件最重要的特点是小型化和标准化。已经制定了统一标准,对片状元器件的外形尺寸、结构与电极形状等都做出了规定,这对于表面安装技术的发展无疑具有重要的意义。

3. 无源元件 SMC

SMC 包括片状电阻器、电容器、电感器、滤波器和陶瓷振荡器等。电子技术的发展,几乎使全部传统电子元件的每个品种都已经被"SMT 化"了。SMC 的典型形状是一个矩形六面体(长方体),也有一部分 SMC 采用圆柱体的形状,这对于利用传统元件的制造设备、减少固定资产投入很有利。还有一些元件由于矩形化比较困难,是异形 SMC。从电子元件的功能特性来说,SMC 特性参数的数值系列与传统元件的差别不大。长方体 SMC 是根据其外形尺寸的大小划分成几个系列型号:3225、3216、2520、2125、2012、1608、1005、0603 等。

SMC 的种类用型号加后缀的方法表示。例如,3216C 是 3216 系列的电容器,2125R 表示 2125 系列的电阻器。由于表面积太小,SMC 的标称数值一般用印在元件表面上的三位数字表示:前两位数字是有效数字,第三位是倍率乘数。例如,电阻器上印有 114,表示阻值 110 kΩ,电容器上的 103,表示容量为 10000 pF,即 0.01 μF。

虽然 SMC 的体积很小,但它的数值范围和精度并不差。如 3216 系列的电阻阻值范围是 0.39 Ω～10 MΩ,额定功率可达 1/4 W,允许偏差有 ±1%、±2%、±5% 和 ±10% 等四个系列,额定工作温度上限为 70 ℃。

4. 有源器件 SMD

SMD 包括各种半导体器件,既有分立器件的二极管、三极管、场效应管,也有数字电路和模拟电路的集成器件,并且,由于工艺技术的进步,SMD 器件的电气性能指标会更好一些。

1) SMD 分立器件

典型 SMD 分立器件的外形如图 5.16 所示,电极引脚数为 2～6 个。二端、三端 SMD 分立器件全部是二极管类,四端～六端 SMD 器件内大多封装了两只三极管或场效应管。

(1) 二极管。无引线柱形玻璃封装二极管是将管芯封装在细玻璃管内、两端以金属帽为电极。通常用于稳压、开关和整流二极管等,功耗一般为 0.5～1 W。

塑封二极管,有二根翼形短引线,一般做成矩形片状,额定电流 150 mA,耐压 50 V。

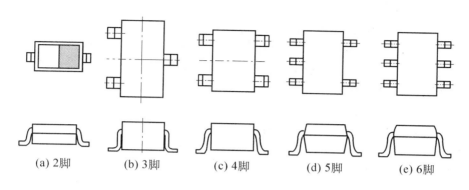

| (a) 2脚 | (b) 3脚 | (c) 4脚 | (d) 5脚 | (e) 6脚 |

图 5.16　典型 SMD 分立器件的外形

(2) 三极管。三极管用塑料封装,带有短引线,采用 SOT 结构封装。产品有小功率管、大功率管、效应管和高频管等系列。

2) SMD 集成电路

与传统的双列直插、单列直插式集成电路不同,SMD 集成电路按照封装方式,可以分成几类:引线比较少的小规模集成电路大多采用小型封装,芯片宽度小于 0.15 in、电极引脚数目少于 18 脚的,叫作 SO 封装;0.25 in 宽、电极引脚数目在 20 脚以上的叫作 SOL 封装;矩形四边都有电极引脚的集成电路叫作 QFP 封装。QFP 封装和 SO、SOL 封装的相同之处,在于都采用了翼形的电极引脚形状。QFP 封装的芯片一般都是大规模集成电路,电极引脚数目可能多达 200 脚以上。还有一种矩形封装的集成电路,它的引脚向内钩回,也叫作 J 形电极,它的封装叫作 PLCC 方式。PLCC 封装的集成电路大多是可编程的存储器,PLCC 芯片可以装配在专用的插座上,容易取下来改写它其中的数据,为了减少插座的成本,PLCC 芯片也可以直接焊接在电路板上。SMD 集成电路各种封装的外形如图 5.17 所示。

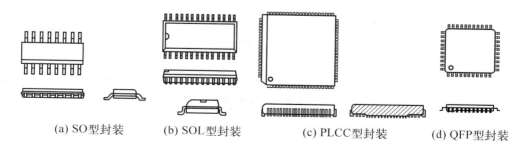

| (a) SO型封装 | (b) SOL型封装 | (c) PLCC型封装 | (d) QFP型封装 |

图 5.17　SMD 集成电路各种封装的外形

5.3.3　SMT 装配工艺

目前,在应用 SMT 的电子产品中,有一些全部采用了 SMT 元器件的电路,但还可以见到所谓的"混装工艺",即在同一块印制电路板上,既有插装的传统元器件,又有表面装配元器件。这样,电路的装配结构就有很多种。

1. 三种 SMT 装配工艺

(1) 全部采用表面装配。

印制板上没有通孔插装器件,各种 SMD 和 SMC 被贴装在电路板的一面或两侧。

(2) 双面混合装配。

在印制板的 A 面(也称"元件面")上,既有通孔插装元器件,又有各种 SMT 元器件;在印制板的 B 面(也称"焊接面")上,只装配体积较小的 SMD 晶体管和 SMC 元件。

(3) 两面分别装配。

在印制板的 A 面上只装配通孔插装元器件,而小型的 SMT 元器件贴装在印制板的 B 面上。

可以认为,第一种装配结构能够充分体现出 SMT 的技术优势。这种印制电路板价格最便宜、体积最小。但许多专家仍然认为,后两种混合装配的印制板也具有很好的前景,因为它们不仅发挥了 SMT 贴装的优点,同时还可以解决某些元器件至今不能采用表面装配形式的问题。从印制电路板的装配焊接工艺来看,第三种装配结构除了要使用粘合剂把 SMT 元器件粘贴在印制板上以外,其余和传统的通孔插装方式的区别不大,特别是可以利用现在已经比较普及的波峰焊接设备进行焊接,工艺技术上也比较成熟,而前两种装配结构一般都需要添加再流焊设备。

2. SMT 印制板波峰焊接工艺流程

在上述第三种 SMT 装配结构下,印制板采用波峰焊接的工艺流程如图 5.18 所示。

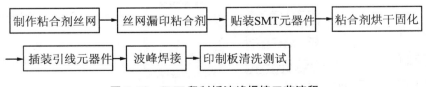

图 5.18　SMT 印制板波峰焊接工艺流程

(1) 制作粘合剂丝网。

按照 SMT 元器件在印制板上的位置,制作用于漏印粘合剂的丝网。

（2）丝网漏印粘合剂。

把粘合剂丝网覆盖在印制电路板上，漏印粘合剂。要精确保证粘合剂漏印在元器件的中心，尤其要避免粘合剂污染元器件的焊盘。

（3）贴装 SMT 元器件。

把 SMT 元器件贴装到印制板上，使它们的电极准确定位于各自的焊盘。

（4）固化粘合剂。

用加热或紫外线照射的方法，使粘合剂固化，把 SMT 元器件比较牢固地固定在印制板上。

（5）插装引线元器件。

把印制电路板翻转 180°，在另一面插装传统的引线元器件。

（6）波峰焊接。

与普通印制板的焊接工艺相同，用波峰焊接设备进行焊接。在印制板焊接过程中，SMT 元器件浸没在熔融的锡液中。可见，SMT 元器件应该具有良好的耐热性能。

（7）印制板清洗及测试。

对经过焊接的印制板进行清洗，去除残留的助焊剂残渣，避免对电路板的腐蚀，然后进行电路检验测试。

3. SMT 印制板再流焊工艺流程

印制板采用再流焊的工艺流程如图 5.19 所示。

图 5.19　SMT 印制板再流焊工艺流程

（1）制作焊膏丝网。

按照 SMT 元器件在印制板上的位置及焊盘的形状，制作用于漏印焊膏的丝网。

（2）丝网漏印焊膏。

把焊膏丝网覆盖在印制电路板上，漏印焊膏，要精确保证焊膏均匀地漏印在元器件的电极焊盘上。

（3）贴装 SMT 元器件。

把 SMT 元器件贴装到印制板上，使它们的电极准确定位于各自的焊盘。

（4）再流焊接。

用再流焊接设备进行焊接。在焊接过程中，焊膏熔化再次流动，充分浸润元器件和印制板的焊盘，焊锡熔液的表面张力使相邻焊盘之间的焊锡分离而不至于短路。

（5）印制板清洗及测试。

由于再流焊接过程中助焊剂的挥发，助焊剂不仅会残留在焊接点的电极附近，还会沾染电路基板的整个表面。因此，再流焊接后的清洗工序特别重要，在有条件的企业里，通常都采用超声波清洗机，把焊接后的电路板浸泡在无机溶液或去离子水中，用超声波冲击清洗，可得到很好的效果。

如果是第二种 SMT 装配结构（双面混合装配），即在印制板的 A 面（元件面）上同时还装有 SMT 元器件，则先要对 A 面经过贴装和再流焊接工序。然后，对印制板的 B 面（焊接面）粘贴 SMT 元器件，翻转印制板并在 A 面插装引线元器件后，执行波峰焊接工艺流程。

4. 手工贴装的工艺流程

手工贴装的工艺流程如图 5.20 所示。

施放焊膏 → 手工贴片 → 贴装检查 → 再流焊 → 修板 → 清洗 → 检验

图 5.20　手工贴装工艺流程

（1）施放焊膏。

采用简易印刷工序，手工印刷焊膏或采用手动点胶机滴涂焊膏。

（2）手工贴片。

采用手工贴片工具进行元器件的贴放。手工贴片的工具有：不锈钢镊子、吸笔、3～5 倍台式放大镜、防静电工作台、防静电腕带。

（3）贴装方法。

① 片状元件的贴装方法。用镊子夹持元件，将元件焊接端对齐两端焊盘，居中贴放在焊盘的焊膏上，用镊子轻轻按压，使焊接端浸入焊膏。

② SOT 的贴装方法。用镊子夹持 SOT 元件体，对准方向，对齐焊盘，居中贴放在焊盘的焊膏上，确认后用镊子轻轻按压元件体，使元件引脚不小于 1/2 厚度浸入焊膏中。

③ SOP、QFP 的贴装方法。器件 1 脚或前端标志对准印制板前端标志，用镊子或吸笔夹持或吸取器件，对准标志，对齐两端或四边焊盘，居中贴放在焊盘的焊膏上，用镊子轻轻按压器件体顶面，使器件引脚不小于 1/2 厚度浸入焊膏中。引脚间距在 0.65 mm 以下时，应在 3～20 倍的显微镜下操作。

④ SOJ、PLCC 的贴装方法。SOJ、PLCC 的贴装方法与 SOP、QFP 的贴装方法相同，只是由于 SOJ、PLCC 的引脚在器件四周的底部，因此对齐时需要用眼睛与印制版成 45°角来检查引脚是否与焊盘对齐。

5. 小型 SMT 设备

1）焊膏印刷机

焊膏印刷机如图 5.21 所示，最大印制尺寸为 320 mm × 280 mm。手工印刷锡膏的关键技术：① 定位要精确；② 制造规范的模板。

2）手工贴片

（1）镊子拾取 SMT 元件，贴放在对应的焊盘上，如图 5.22 所示。

（2）真空吸取，使用如图 5.23 所示真空笔吸住 SMT 元件，对准焊盘后施放。

3）再流焊设备

台式自动再流焊机如图 5.24 所示，再流焊工艺曲线如图 5.25 所示，再流焊机参数如下：

电源电压：220 V　50 Hz；

额定功率：2.2 kW；

有效焊区尺寸：240 mm×180 mm；

图 5.21　焊膏印刷机

图 5.22　镊子拾取安放

图 5.23　真空笔

图 5.24　再流焊机

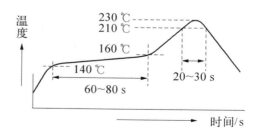

图 5.25　再流焊工艺曲线

加热方式:远红外+强制热风;

工作模式:工艺曲线灵活设置,工作过程自动;

标准工艺周期:约 4 min。

几种常见 SMT 工艺流程如图 5.26 所示。

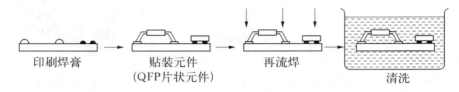

（a）锡膏-再流焊工艺流程

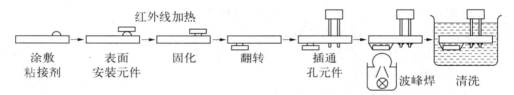

（b）贴片-波峰焊工艺流程

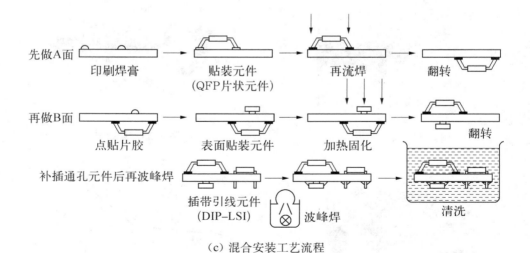

（c）混合安装工艺流程

图 5.26　几种常见 SMT 工艺流程

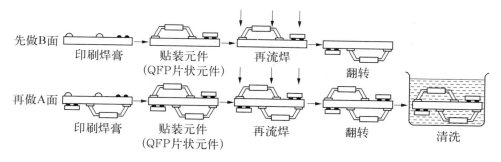

（d）双面再流焊工艺流程

图 5.26(续)　几种常见 SMT 工艺流程

5.4　无锡焊接技术

　　无锡焊接是焊接技术的一个组成部分,包括接触焊、熔焊、导电胶粘接等。无锡焊接的特点是不需要焊料和助焊剂即可获得可靠的连接,因而解决了清洗困难和焊接面易氧化的问题。在电子产品装配中得到了一定的应用。

5.4.1　接触焊接

　　接触焊接有压接、绕接及穿刺等,这种焊接技术是通过对焊件施加冲击、强压或扭曲,使接触面发热,界面原子相互扩散渗透,形成界面化合物结晶体,从而将被焊件焊接在一起的焊接方法。

1. 压接

　　压接分冷压接与热压接两种,目前以冷压接使用较多。压接是借助较高的挤压力和金属位移,使连接器触脚或端子与导线实现连接的。压接使用的工具是压接钳,将导线端头放入压接触脚或端头焊片中用力压紧即获得可靠的连接。

　　压接触脚和焊片是专门用来连接导线的器件,有多种规格可供选择,相应的也有多种专用的压接钳,如图 5.27 所示为导线端头冷压接示例。

　　压接技术的特点:操作简便,适应各种环境场合,成本低,无任何公害和污染。存在的不足之处是压接点的接触电阻较大。因操作者施力不同,质量不够稳定,许多接点不能用压接方法。

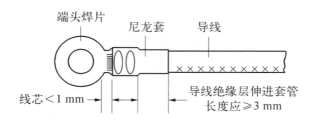

端头焊片　　尼龙套　　导线

线芯＜1 mm

导线绝缘层伸进套管
长度应≥3 mm

图 5.27　导线端头冷压接示意图

2. 绕接

绕接是将单股芯线用绕接枪高速绕到带棱角(棱形、方形或矩形)的接线柱上的电气连接方法,由于绕接枪的转速很高(约 3000 r/min),对导线的拉力强,使导线在接线柱的棱角上产生强压力和摩擦,并能破坏其几何形状,出现表面高温使两金属表面原子相互扩散产生化合物结晶,有绕接和捆接两种方法。

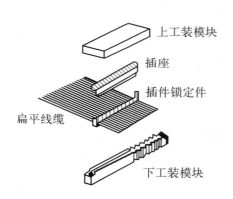

上工装模块

插座

插件锁定件

扁平线缆

下工装模块

图 5.28　穿刺焊接工艺示意图

3. 穿刺

穿刺焊接工艺适合于以聚氯乙烯为绝缘层的扁平线缆和接插件之间的连接。先将被连接的扁平线缆和接插件置于穿刺机上下工装模块之中,再将芯线的中心对准插座每个簧片中心缺口,然后将上模压下施行穿刺,如图 5.28 所示。插座的簧片穿过绝缘层,在下工装模的凹槽作用下将芯线夹紧。

5.4.2　熔焊

熔焊是靠加热被焊金属使之熔化产生合金而焊接在一起的焊接技术。由于不用焊料和助焊剂,所以焊接点清洁,电气和机械连接性能良好,但是所用的加热方法必须迅速,限制局部加热范围而不至于损坏元器件或印刷电路板。

1. 电阻焊和锻接焊

电阻焊也称碰焊,焊接时把被焊金属部分在一对电极的压力下夹持在一起,再通过低压强电流脉冲,在导体金属相接触部位通过强电流产生高温而熔合在一起。一般用于元器件制造过程中内部金属间或与引出线之间的连接。

锻接焊技术是把要连接的两部分金属放在一起,但留出小的空气隙,被焊的两部分金属与电极相连,因电容通过气隙放电产生电弧,加热表面,当接近焊接温度时使两者迅速靠在一起而熔合成一体。适用于高导电性的金属连接,如扁平封装的集成电路引线的连接和薄膜电路与印制电路板的连接。

2. 电子束焊接

电子束焊接也是近几年来发展的新颖、高能量密度的熔焊工艺。它是利用定向高速运行的电子束,在撞击工件后将部分动能转化为热能,从而使被焊工件表面熔化,达到焊接的目的。电子的产生及电子束的形成是电子枪中的发射材料在通电加热后,由于热发射效应,表面发射电子,热发射电子在电场的作用下聚焦并加速。

3. 超声焊接

超声焊接也是熔焊工艺的一种,适用于塑性较小零件的焊接,特别是能够实现金属与塑料的焊接。其焊接工艺特点是,被焊零件之一需要与超声头相接,而且焊接是在超声波的作用下完成的。超声焊接的实质是超声振荡变换成焊件之间的机械振荡,从而在焊件之间产生交变的摩擦力,这一摩擦力在被焊零件的接触处可引起一种导致塑性变形的切向应力,随着变形而来的是接触面之间的温度升高和原子间结合力的激励和接触面间的相互晶化,达到焊接的目的。

第 6 章　PCB 的设计与制作

在绝缘基材的覆铜板上，按照预定的设计，用印制的方法制成印制线路、印制元件或两者组合而成的电路，称为印制电路。完成印制电路或印制线路工艺加工的成品板，称为印制电路板（PCB——Printed Circuit Board），通常简称印制板或PCB，如计算机的主板、手机的主板、收音机的电路板等，它们中最重要的部分就是PCB。现代各类电子设备仍然以印制电路板为主要装配方式，它是电子产品中电路元器件的支撑件，提供了电路元器件之间的电气连接，为电子产品的装配和维修提供元器件字符和图形，从上可以测得各项数据，所以 PCB 是电子工业中重要的电子部件之一。

随着电子技术的飞速发展，印制板从单面板发展到双面板、多层板、挠性板等，PCB 技术也由手工设计和传统制作工艺发展到计算机辅助设计与制作，使得 PCB 的布线密度、精度、可靠性越来越高，保证了未来电子产品向大规模集成化和微型化的方向发展。

6.1　PCB 基本知识

PCB 几乎会出现在每一种电子设备中，如果在某种设备中有电子元器件，那么设备中就一定有 PCB 部件，而且电路中的电子元器件都是安装在 PCB 上。

6.1.1　概述

1. PCB 简介

1）PCB 常用名词

（1）覆铜板。由绝缘基板和黏敷在上面的铜箔构成，是用减成法制造 PCB 的原料。

（2）印制线路。采用印制法在基板上制成的导电图形,包括印制导线、焊盘等。

（3）印制电路板。完成了印制电路或印制线路加工的板子,简称印制板或 PCB。图 6.1 所示的 PCB,板上所有元器件的安装、焊接均已完成,习惯上按其功能或用途称这类板为"电视机主板"、"计算机声卡"、"计算机网卡"等。

图 6.1　已完成的 PCB

2）导线或布线

PCB 本身的基板是由绝缘隔热并不易弯曲的材质所制作成的。在表面可以看到的细小线路材料是铜箔,原本铜箔是覆盖在整个板子上的,也就是覆铜板,而在制造过程中部分被蚀刻处理掉,留下来的部分就变成如图 6.2 所示的细小线路,这些线路被称作导线或布线,表示元器件的电路连接关系。

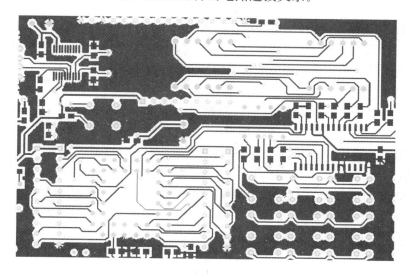

图 6.2　PCB 中的线路

3）元件面与焊接面

对于最基本的 PCB,元器件都集中在印制有元器件符号的一面,导线则都集中在另一面,PCB 的两面分别被称为元器件面（component side）与焊接面（solder side）。

4）丝网印刷面

丝网印刷面（silk screen）也被称作图标面（legend）。PCB 上的绿色或是棕色,是阻焊漆（solder mask）组成的绝缘防护层,既可以保护铜线,也可以防止元器件焊到不正确的地方。在阻焊层上还印刷上一层丝网印刷面,通常在这上面会印上文字与符号,以标示出各元器件在板子上的位置。

5）安装孔

用于固定大型元器件和 PCB,按照安装需要常选择 2.2、3.0、3.5、4.0、4.5、5.0 及 6.0 系列的规格,一般定位在坐标格上。

6）定位孔

PCB 加工和检测定位用的,可以用安装孔代替,一般采用三孔定位方式,孔径根据装配工艺确定。

2. PCB 的分类

习惯上按印制电路的分类把 PCB 划分为单面板、双面板和多层板,按材料的机械性能又可分为刚性板和柔性板等。

1）单面板

仅一面上有导电图形的 PCB 叫作单面板（single-sided boards）。单面板因为只有一面,不需要打孔,并且成本较低,因此批量生产的简单电路设计通常会采用单面板的形式。但单面板的布线难度较大,并且布通率很低,虽然说可以采用飞线的方法来对未布通的导线进行布线,但是飞线会增加焊接 PCB 的工作量,通常只有非常简单的电路才会采用单面板的设计方案。

2）双面板

两面都有导电图形的 PCB 叫作双面板（double-sided boards）。一面为顶层,另一面为底层。由于双层板两面都可以布线,并且可以通过过孔来进行顶层和底层之间的电气连接,因此双面板应用范围十分广泛,是目前应用最为广泛的一种 PCB 结构。在双面板的制作过程中,由于需要制作连接顶层和底层的金属化过孔,因此它的生产工艺流程要比单面板复杂,成本也较高。因为这种电路板的面积比单面板大了一倍,而且布线可以互相交错（两面布线）,适合用在比单面板更复杂的电路上。

3）多层板

有三层或三层以上导电图形和绝缘材料层压合成的 PCB 叫作多层板

(multi-layer boards)。为了增加可以布线的面积,多层板使用数片双面板,并在每层板间放进一层绝缘层后粘牢。因为 PCB 中的各层都紧密地结合,一般不太容易看出实际数目。在多层板中,如果只想连接其中一些线路,那么穿透整个板子的导孔会浪费一些其他层的线路空间,这时往往采用埋孔(buried vias)或盲孔(blind vias)技术,它们只穿透其中几层。盲孔是将几层内部 PCB 与表面 PCB 连接,不需穿透整个板子;埋孔则只连接内部的 PCB,所以从表面看不出来导孔。

在多层 PCB 中,每层直接连接上地线与电源,将各层分类为信号层(signal)、电源层(power)或是接地层(ground),如果 PCB 上的零件需要不同的电源供应,通常这类 PCB 会有两层以上的电源与地线层。

3. 印刷电路板的结构层次

印刷电路板包括许多类型的工作层面,如信号层、防护层、丝印层、内部层等,每个层面的作用各不相同,其功能如下。

(1) 信号层(signal layers)。主要用来放置元器件或布线。包括顶层(top layer)、底层(bottom layer)和中间布线层(mid layer)。

(2) 防护层(mask layers)。主要用来确保 PCB 上不需要镀锡的地方避免镀锡,从而保证电路板运行的可靠性。其中 top paste 和 bottom paste 分别为顶层阻焊层和底层阻焊层;top mask 和 bottom mask 分别为顶层锡膏防护层和底层锡膏防护层。

(3) 丝印层(silkscreen)。包括顶层(top overlay)和底层(bottom overLay)两个丝印层。主要用来在印刷电路板上印刷元器件的流水号、生产编号、公司名称等。

(4) 内部电源层(internal planes)。主要用来布设电源层或地线层。

(5) 机械层(mechanical layers)。一般用于放置有关制板和装配方法的指示性信息,如电路板物理尺寸线、尺寸标记、数据资料、装配说明等信息。

(6)其他工作层面如下。

① 过孔引导层(drill guide):主要用于指示印刷电路板上钻孔的位置。

② 禁止布线层(keep-out layer):主要用于绘制电路板的电气边框。定义了禁止布线层后,在以后的布线过程中,所布的具备电气特性的线不能够超出禁止布线层的边界。

③ 钻孔图(drill drawing):主要用于设定钻孔形状。

④ 设置多层面(multi-layer):主要用于设置多层面,是贯穿每一个信号层面的工作层。

4. PCB 的对外连接

通常一块印制板只是电子设备的一个组成部分,不能构成一台电子产品,因此存在印制板之间以及与其他零部件之间的连接问题。PCB 对外连接有不同方式，一般选用可靠性、工艺性与经济性最佳配合的连接，是设计 PCB 的重要内容之一。

1）焊接方式

这种方式简单、可靠、成本低，但互换、维修不方便，批量生产工艺性差。焊接方式主要有导线焊接、排线焊接以及 PCB 之间直接焊接等。这种连接方式对同一电气性质的导线最好用同一颜色，以便于维修。如电源线采用红色，地线采用黑色，信号线采用彩色等。

2）接插件连接

在较复杂的仪器设备中，经常采用接插件的连接方式。如计算机扩展槽与功能板的连接，大型电子设备中各功能模块与插槽的连接等，但因触点多，所以可靠性差。接插件连接又称模块化设计，一台设备中，常有多块印制板模块构成，在设备出现故障时，维修人员不必去寻找损坏的元件，只要更换不正常的 PCB 模块，就可以在最短的时间内排除故障。

在计算机等设备中，板与板之间的连接常采用俗称"金手指"的方式连接，连接时，将其中一片 PCB 上的"金手指"插进另一片 PCB 上合适的扩展槽中。

6.1.2 PCB 设计基础

PCB 的设计，是电子行业技术人员和业余爱好者都应该掌握的一项基本能力。对每一位设计者来说，设计 PCB 都应该满足正确、可靠、合理及经济的要求并遵循一定的原则，以求得到最佳效果。

1. 元器件的排列

设计 PCB 时元器件在印制板上通常有不规则排列和规则排列二种排列方式。在 PCB 上可以单独采用一种方式，也可两种方式混合使用。

1）规则排列

规则排列如图 6.3（a）所示。元器件按坐标方向排列或网格排列，并与板的四边垂直或平行，元器件焊盘设计在网格的交点上，交点间距选取与集成电路、接插件等元器件引出端的通用尺寸 2.54 mm 或 1.27 mm 一致，美观整齐。

2）不规则排列

不规则排列如图 6.3（b）所示。元器件轴线方向彼此不一致，在板上的排列顺序也无一定规则。这种排列方式一般在以分立元件为主的 PCB 中常用，元器件不受位置与方向的限制，印制导线布设方便，平面利用率高，分布参数小，特别对高频电路极为有利。

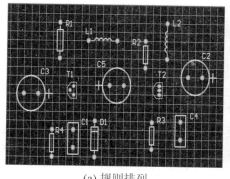

(a) 规则排列

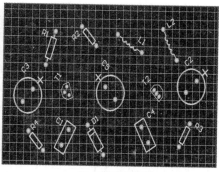

(b) 不规则排列

图 6.3　元器件的排列

2. 元器件的安装尺寸及间距

标准双列直插式(DIP)集成电路的引脚以 2.54 mm(0.01 in)为间距,通常把 2.54 mm 称为 1 个 IC 间距。而集成电路的列间距及晶体管等引线的尺寸均为 IC 间距的倍数,所以设计 PCB 时,其他元器件的引脚间距以及不同元器件的排列间隔常选用 IC 间距的倍数,作为规范单位。

有些元器件,如电阻、电容、小功率三极管等,安装在 PCB 上时,安装尺寸要求不严格,焊接孔径设计具有一定的伸缩性,此类元器件的安装尺寸称为软尺寸,如图 6.4(a)所示,虽然这类元器件安装灵活,但为了规范,设计时也应按最佳跨度选取。而金属封装的大功率三极管、继电器、接插件等元器件,引脚短且不宜弯折,具有严格的安装尺寸,这类元器件的引脚尺寸称为硬尺寸,如图 6.4(b)所示。

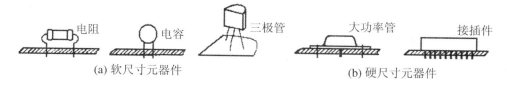

(a) 软尺寸元器件　　　　　　　　　　　　(b) 硬尺寸元器件

图 6.4　常见分立元器件的安装

3. 导线的印制

1) 印制导线的布线原则

(1) 导线走向尽可能取直,以短为佳,不要绕远,特别是高频回路更应注意布线要短。印制导线与焊盘的连接,一般成 45°或 90°并起止于网格线的交点。

(2) 在元器件尺寸较大,而布线密度较低时,可适当加宽印制导线及其间距,并尽量把不用的地方合理地作为接地和电源用。

(3) 在双面或多层印制电路板中,相邻两层印制导线,宜相互垂直走线,或斜交、弯曲走线,力求避免相互平行走线,以减小寄生耦合。作为电路输入及输出用的印制导线应尽量避免相邻平行,在这些导线之间最好加接地线。

(4) 印制电路板上同时安装模拟电路和数字电路时,宜将两种电路的地线系统完全分开,它们的供电系统同样也宜完全分开。

(5) 印制电路板上安装有高压或大功率器件时,要尽量和低压小功率器件的布线分开。并注意印制导线与大功率器件的连接和热干扰设计。

(6) 同一级电路的接地点应尽量靠近,并且本级电路的电源滤波电容也应接在该级接地点上。特别是本级晶体管基极、发射极的接地点不能离得太远,否则因两个接地点间的铜箔太长会引起干扰与自激,采用这样"一点接地法"的电路,工作较稳定,不易自激。

(7) PCB 布线中优先采用的导线走向及形状如图 6.5(a) 所示,避免采用的导线走向及形状如图 6.5(b) 所示。

(a) 优先采用的印制导线走向及形状　　　　(b) 避免采用的印制导线走向及形状

图 6.5　印制导线的走向及形状

2) 印制导线的宽度及间距

(1) 印制导线的最小宽度主要由流过它们的电流值决定。印制导线的横截面一般近似为长方形,对于用作导电材料的铜,在常温下电阻率 1.8×10^{-6} Ω/cm。由于印制导线存在电阻,通过电流时将发热,如图 6.6 所示给出 1 mm 宽的印制导线通过电流与温度的特性曲线。如果按 20 A/mm^2 计算,当铜箔厚度为 0.05 mm,常温下 1 mm 宽的印制导线能够通过 1 A 电流,因此在 PCB 设计时把印制导线的最小线宽毫米数作为载流量的安培数。

PCB 的电源线和接地线的载流量

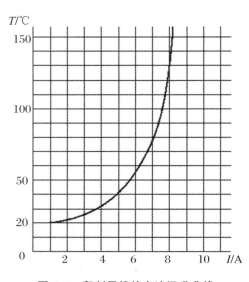

图 6.6　印制导线的电流温升曲线

较大,设计时要适当加宽,一般不要小于 1 mm。如果 PCB 上元器件的安装密度不大,印制导线宽度最好不小于 0.5 mm,手工制板应不小于 0.8 mm。

（2）印制导线间距由电路中的安全工作电压决定。如果两个相邻的印制导线间电位差较大,应防止高压击穿现象,在排版设计时,印制导线间的距离应满足最大安全工作电压的要求,一般安全工作电压与导线间距的关系:1.5 mm（300 V）;1.0 mm（200 V）;0.5 mm（100 V）。为了便于操作和生产,间距应尽量宽些,在PCB 面积允许的情况下,印制导线宽度与间隙一般不小于 1 mm。

4. 焊盘的形状及外径

焊盘在印制线路中起印制导线连接作用,特别是对于金属化孔的双面 PCB,焊盘使两面印制导线良好导通,更重要的是焊盘起到元器件与印制板之间的连接作用。而且焊盘的大小和形状直接影响焊点的外观和质量。

1）焊盘的形状

根据不同的要求选择不同形状的焊盘,常见焊盘形状如图 6.7 所示。

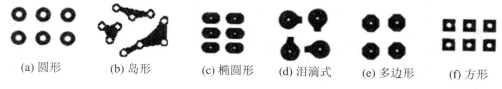

　(a) 圆形　　　(b) 岛形　　　(c) 椭圆形　　(d) 泪滴式　　(e) 多边形　　(f) 方形

图 6.7　焊盘的形状

（1）圆形焊盘,如图 6.7(a)所示,焊盘与穿线孔为一同心圆,外径一般为 2～3倍孔径。如板的密度允许,焊盘不宜过小,太小在焊接中易脱落。圆形焊盘多在元件规则排列(坐标排列)中使用,双面印制板也多采用圆形焊盘。

（2）岛形焊盘,如图 6.7(b)所示,焊盘与焊盘间的连线合为一体,犹如水上小岛,故称岛形焊盘。常用于元件的不规则排列当中,特别是当元器件采用立式不规则安装时更为普遍。电视机、收音机等家用电器产品中几乎均采用这种焊盘。

（3）椭圆形焊盘,如图 6.7(c)所示,这种焊盘有足够的面积增强抗剥能力,常用于双列直插式元器件。

（4）泪滴式焊盘,如图 6.7(d)所示,这种焊盘常用在高频电路中,当焊盘连接的走线较细时,焊盘与走线之间的连接设计成这种形状,这样的好处是焊盘不容易起皮,而且走线与焊盘不易断开。

（5）多边形焊盘,如图 6.7(e)所示,用于某些焊盘外径接近而孔径不同的焊盘相互区别,便于加工和装配。

（6）方形焊盘,如图 6.7(f)所示,印制板上元器件大而少,且印制导线简单时多采用这种形状的焊盘。在手工自制 PCB 时,常用这种方式,只需用刀刻断或刻掉一部分铜箔即可,制作简单,易于实现。

2) 焊盘的孔径

焊盘的内径选取必须考虑元器件引线直径以及搪锡层厚度、孔径公差、孔金属化电镀层厚度等各个方面。一般不小于 0.6 mm,因为小于 0.6 mm 的孔开模冲孔时不易加工,通常情况下以金属引脚直径值加上 0.2 mm 作为焊盘内孔直径。

如果焊盘外径用 D 表示,引线的孔径用 d 来表示,那么,对于单面板 $D \geqslant$ $(d + 1.5)$ mm;对于双面板 $D \geqslant (d + 1.0)$ mm。由于圆形焊盘用得最多,它的最小允许直径如表 6.1 所示。

表 6.1　圆形焊盘最小允许直径

引线孔径/mm	0.5	0.6	0.8	1.0	1.3	1.6	2.0
最小焊盘直径/mm	1.5	1.5	2.0	2.5	3.0	3.5	4.0

3) 焊盘设计时的注意事项

(1) 焊盘内孔边缘到 PCB 边缘的距离要大于 1 mm,避免加工时导致焊盘缺损。

(2) 相邻的焊盘要避免成锐角,否则会造成波峰焊困难,而且有桥接的危险。

(3) 大面积覆铜,一般避免使用,如果需要使用的话,应将其开窗口设计成网状。

6.1.3　PCB 上的干扰与抑制

在整机调试和工作中经常出现干扰现象,使电子设备的可靠性降低。印制板设计是否合理,是产生干扰的原因之一。如果在着手 PCB 设计时,分析找出可能产生干扰的因素,采取措施,就能使印制板可能产生的干扰最大限度地被抑制。

1. 热干扰及抑制

由于设备工作产生的热量,使温度升高造成的干扰在印制板设计中应引起重视。常用元器件中,电源变压器、功率器件、大功率电阻等都是发热元器件,这就是造成热干扰的热源,而几乎所有半导体器件都有不同程度的温度敏感性,特别是锗材料半导体器件,更容易受环境温度的影响使工作点漂移,从而造成整个电路电性能发生变化。所以在 PCB 设计中,应首先区别哪些是发热元件,哪些是温度敏感元件,在设计时采取措施,抑制热干扰,其基本原则是有利于散热,远离热源,具体设计中常采用以下措施。

(1) PCB 直立安装,板与板之间的距离一般不应小于 2 cm,利于每块 PCB 上发热元器件的散热。

(2) 发热元件放置方式要有利于散热。发热元件不要贴板放置,以防发热元件对周围元器件产生热传导或热辐射。如必须安装在电路板上,要配置足够大的散热片,防止温升过高。

(3) 同一块印制板上的器件应尽可能按其发热量大小及散热程度分区排列,发热量大或耐热性差的器件放在冷却气流的最上游,发热量小或耐热性好的器件放在冷却气流的最下游。

(4) 设备内印制板的散热主要依靠空气流动,所以在设计时要研究空气流动路径,合理配置器件或印制电路板。采用自由对流空气冷却的设备,最好将元器件纵式排列;对于采用强制空气冷却的设备,最好是将元器件横式排列。

(5) 温度比较敏感的元器件最好放置在温度最低的区域(如设备的底部),千万不要将它放在发热器件的正上方,多个器件最好是在水平面上交错排列。

2. 地线的共阻抗干扰及抑制

几乎任何电路都存在一个自身的接地点,电路中接地点在电位的概念中表示零电位,其他电位均相对于这一点为参考点。但在实际的印制电路中,印制电路板上的地线并不能保证是绝对零电位,往往存在一定值,虽然电位可能很小,但由于电路的放大作用,这小小的电位就可能产生影响电路性能的干扰。

为克服地线共阻抗的干扰,在 PCB 设计中应尽量避免不同回路电流同时流经某一段共用地线,特别是在高频电路和大电流回路中更要讲究地线的接法。在印制电路的地线布设中,首先要处理好各级的内部接地,同级电路的几个接地点要尽量集中,称为一点接地,以避免其他回路的交流信号串入本级,或本级中的交流信号串到其他回路中去。

(1) 并联分路式。将 PCB 上几部分的地线分别通过各自的地线汇总到线路上的总接地点,这只是理论上的接法。在实际设计时,印制电路的公共地线一般布设在 PCB 的边缘,并较一般印制导线宽,各级电路采取就近并联接地。如果印制电路板上或附近有强磁场,这种公共地线就不能做成封闭回路,以免接地线环路接受电磁感应。

(2) 大面积覆盖接地。在高频电路中,尽量扩大印制电路板上的地线面积,可以有效地减少地线中的感抗,从而削弱在地线上产生的高频信号,同时,大面积接地还可以对电场干扰起到屏蔽作用。

(3) 在一块印制电路板上,如果同时布设模拟电路和数字电路,这两种电路的地线要完全分开,供电也要完全分开,以抑制它们之间的相互干扰。

3. 电磁干扰及抑制

随着电子工艺的迅速发展,PCB 上的元器件及布线越来越密集,如果设计不当就会产生电磁干扰,影响电路的性能。所以在进行 PCB 设计时,要考虑电磁兼容性,不但使电子设备在特定的电磁环境中能够正常工作,同时又能减少电子设备本身对其他电子设备的电磁干扰。

两条相距很近的平行导线,它们之间的分布参数可以等效为相互耦合的电感和电容,当其中一条线中流过信号时,另一条线也会产生感应信号,感应信号的大小与原始信号的频率及功率有关,感应信号便是干扰源,对电磁干扰的抑制,就从产生它的根源入手。

1) 合理的布设导线

(1) 印制导线应尽可能短一些,减小平行线效应。

(2) 尽量远离干扰源,不能与之平行走线,双面板可以交叉通过,单面板可以通过飞线过渡。

(3) 尽量减少印制导线的不连续性,避免成环,产生环形天线效应。

(4) 时钟信号引线最容易产生电磁辐射干扰,走线时应与地线回路相靠近,驱动器应紧挨着连接器。

(5) 数据总线的布线应每两根信号线之间布设一根信号地线,最好是紧挨着地址引线放置地回路,因为后者常载有高频电流。

(6) 印制导线尽量远离干扰磁场,并且不能切割磁力线。

(7) 为了抑制出现在印制导线终端的反射干扰,可以在传输线的末端对地和电源端各加接一个相同阻值的匹配电阻。对一般速度较快的 TTL 电路,其印制导线在 10 cm 以上长时就应采用终端匹配措施,匹配电阻的阻值应根据集成电路的输出驱动电流及吸收电流的最大值来决定。

2) 采用屏蔽线

对干扰源进行磁屏蔽,将弱信号屏蔽,使之所受干扰得到抑制,屏蔽罩应良好接地。

3) 去耦电容的配置

在直流电源回路中,负载的变化会引起电源噪声并通过电源及配线对电路产生干扰,所以 PCB 设计中往往增加去耦电容以消除或抑制干扰。

(1) 输入端跨接一只 $10\sim100\ \mu F$ 的电解电容,如果 PCB 的位置允许,采用 $100\ \mu F$ 以上的电解电容抗干扰效果会更好。

(2) 为每块集成电路芯片的供电端安装一只 $680\ pF\sim0.1\ \mu F$ 的陶瓷电容。如遇到印制电路板空间小而装不下时,可每 $4\sim10$ 个芯片配置一只 $1\sim10\ \mu F$ 钽电解电容,这种器件的高频阻抗特别小,在 $500\ kHz\sim20\ MHz$ 范围内阻抗小于 $1\ \Omega$,而且漏电流小于 $0.5\ \mu A$。

(3) 对于抑制噪声能力弱、关断时电流变化大的器件和 ROM、RAM 等存储型器件,应在芯片的电源线(Vcc)和地线(GND)间直接并入去耦电容。

6.2　PCB 的设计

对于电子产品来说,PCB 设计是其从电路原理图变成一个具体产品必经的一道设计工序。PCB 设计不是单纯将元器件通过印制导线按原理图连接起来,而是要采取一定的抗干扰措施,遵守一定的设计原则,合理布局,使整机能够稳定可靠地工作。PCB 设计通常包括以下过程:

设计准备→绘制草图→布局、布线→制板底图的绘制→加工工艺图及要求

6.2.1　设计准备

设计 PCB 前首先要确定板材、板子的形状、大小以及对板子的要求等。

1. 确定 PCB 的材料、厚度、形状及尺寸

1)板材的确定

制作 PCB 的基板材料是覆铜箔层压板,简称覆铜板。覆铜板又称敷铜板,主要由三部分组成:厚度为 35～50 μm 的纯铜箔;酚醛树脂、环氧树脂和聚四氯乙烯的胶黏剂以及纸介质和玻璃布的增强材料。目前,国内常用的覆铜板有以下几种:

(1)酚醛纸覆铜板:用于一般中低档电子设备中。其价格低廉,易吸水,耐高温性能差,在恶劣环境和高频条件下不宜使用。

(2)环氧纸质覆铜板:用于温度、频率较高的电子设备中。其价格适中,机械强度、耐高温和耐潮湿性较好。

(3)环氧玻璃布覆铜板:是孔金属化印制电路板常用的材料,具有较好的冲剪、钻孔性能,其基板透明度好,是电器性能和机械性能都较好的材料,但价格偏高。

(4)聚四氟乙烯覆铜板:具有良好的抗热性和电性能,用于微波、高频、航空航天、导弹、雷达等的电子设备中。其价格高,介电常数低,介质损耗低,耐高温、耐腐蚀。

2)PCB 形状和尺寸的确定

PCB 的形状通常与整机外形有关,一般采用长宽比例不太悬殊的长方形。但在某些大批量生产的产品中,有时为了降低线路板的制作成本,提高自动装焊率,常把两块或三块面积小的 PCB 与主 PCB 共同设计成长方形,待装焊后沿工艺孔掰断,分别装在整机的不同部位上。

PCB 大小要适中,过大时印制线条长,阻抗增加,不仅抗噪声能力下降,成本也高;过小,则散热不好,同时易受临近线条干扰。PCB 尺寸的确定要考虑到整机的内部结构及印制板上元器件的数量及尺寸,在考虑元器件所占面积时,要注意发热元器件所需散热片的尺寸,在确定板的净面积后,每一边还应向外各扩出 5~10 mm,以便于印制板在整机中固定。当产品内部有多块印制板时,特别是当这些印制板通过导轨和插座固定时,应尽量使各块板的尺寸整齐一致,以便于固定与加工。

3)板厚的确定

标准覆铜板的厚度有 0.2 mm、0.3 mm、0.5 mm、0.8 mm、1.6 mm、2.4 mm、3.2 mm、6.4 mm 等多种,一般根据以下因素确定板厚。

(1)印制板对外通过插座连接时,根据插座间隙选择板厚,过厚插不进去,过薄接触不良,一般选 1.5 mm 左右;

(2)根据 PCB 的尺寸与 PCB 上元器件的体积、重量选择板厚,PCB 的尺寸或元器件重量过大可选用 2.0 mm 以上的覆铜板,多层板可选用 0.2 mm、0.3 mm、0.5 mm 的覆铜板。

2. 确认 PCB 具体要求及参数

(1)了解设备的电路工作原理、组成、各功能电路的相互关系以及信号流向等内容,对电路工作时可能发热、产生干扰等情况做到心中有数。

(2)了解 PCB 的工作环境及工作机制,环境温湿度条件,是否连续工作等要求。

(3)掌握最高工作电压、最大电流及工作频率等主要电路参数。

(4)明确主要元器件和部件的型号、外形尺寸、封装,必要时取得样品或产品样本。

6.2.2　草图的绘制

草图是绘制 PCB 底图的依据。绘制草图就是根据原理图把焊盘位置、间距、焊盘间的相互连接、印制导线的走向及形状、整图外形尺寸等均按印制板的实际尺寸或按一定比例绘制出来,作为生产 PCB 的依据。绘制草图是 PCB 设计的关键和主要工作,需要绘制的草图包括外形结构草图和单线不交叉图。

1. 外形结构草图

外形结构草图由印制板对外连接图和外形尺寸草图两部分组成。

(1)对外连接图。对外连接图是根据整机结构和分板要求确定的,一般包括电源线、地线、板外元器件的引线、板与板之间连接线等,绘制时应大致确定其位置和排列顺序。若采用接插件引出时,要确定接插件位置和方向。

（2）外形尺寸草图。PCB 外形尺寸在设计前已大致确定，但考虑到印制板的安装、固定，印制板与机壳或其他结构件连接的螺孔位置及孔径应明确标出；此外还要明确安装某些特殊元器件或插接定位用的孔、槽几何形状的位置和尺寸。对于某些较简单的印制板，上述两种草图也可合为一种图。

2. 单线不交叉图

1）绘制原则

原理图的绘制一般以信号流向及反映元器件在图中的作用为原则，是为了便于对线路进行分析与阅读，而不考虑元件的尺寸、形状以及引出线的顺序，从而造成原理图里走线交叉现象很多。但在 PCB 中是不允许这种交叉现象存在的，所以在排版设计中，对元件数少于 30～50 的简单电路可采用绘制单线不交叉图的方法设计印制板图。

2）绘制步骤及方法

（1）将原理图中应放置于板上的电路图，根据信号流向或排版方向依次画到板面上，集成电路要画封装引脚图。

（2）根据原理图将各元器件引脚连上，对导线交叉处可以利用元器件中间跨接或用跨接线，也称为"飞线"跨越两种方法来避免。"飞线"就是在印制导线的交叉处切断一根，从板的另一面（元件面）用一条短接线连接。在较复杂的电路中，为了解决两条导线走线过长，不仅增加了印制导线的密度，而且很可能因为线长而产生干扰，为此常用"飞线"解决。

对于可用单面板加少量跨接线布通的电路，尽量选用单面板布线，只有电路较复杂才用双面板。双面板布线比较容易，是因为可利用板子另一面印制导线避免了导线交叉。

（3）调整元器件的位置和方向，重新绘制单线不交叉图，使连线简洁，"飞线"最少，获得较为理想的效果。

6.2.3　布局与布线

布局就是将电路元器件放在印制板布线区内，布局是否合理不仅影响后面的布线工作，而且对整个电路板的性能也有很大影响。

1. 布局要求

（1）保证电路功能的性能指标。

（2）满足工艺件，检测、维修等方面的要求。

（3）兼顾美观性，元器件排列整齐、疏密得当。

2. 布局原则

（1）从焊接面看，元器件的排列方位尽可能保持与原理图相一致，布线方向最好与电路图走线方向相一致。

（2）根据印制板在整机中的安装状态，确定元器件轴向位置，规则排列的元器件，应使元器件轴线方向在整机内处于竖立状态，从而提高元件在板上的稳定性。

（3）元器件不要占满板面，四周留有 5～10 mm 空隙，板面尺寸大于 200 mm×150 mm 时应考虑电路板所能承受的机械强度。

（4）元件安装应有利于发热元器件散热。

（5）元器件布设在板的一面，且每个元器件引出端单独占用一个焊盘，元器件的布设不可上下交叉，相邻两元器件之间要保持一定间距，不得过小或碰触。

（6）在高频下工作的电路，要考虑元器件之间的分布参数，一般电路应尽可能使元器件平行排列。这样不但美观，而且装焊容易，易于批量生产。

（7）高低压之间要隔离，隔离距离与要承受的耐压有关。

3. 布放顺序

（1）先大后小，先安放占面积较大的元器件。

（2）先集成后分立。

（3）先主后次，有多块集成电路时先放置主电路。

一般先放置固定位置的元器件，如电源插座、指示灯、开关、连接件等；然后放置线路上的特殊元件和体积大的元器件。如发热元件、变压器、集成电路等，最后放置小器件。

4. 常用及特殊元件的布设

（1）对于电位器、可调电感线圈、可变电容器、微动开关等可调元件的布局应考虑整机的结构要求，若是机内调节，应放在印制板上便于调节的地方；若是机外调节，其位置要与调节旋钮在机箱面板上的位置相适应。

（2）质量超过 15 g 的元器件，应当用支架加以固定，然后焊接；又大又重、发热量多的元器件，不宜装在印制板上，而应装在整机的机箱底板上，且应考虑散热问题，热敏元件应远离发热元件。

（3）对于电阻、二极管等管状元件，在电路元器件数量不多，而且 PCB 尺寸较大的情况下，一般采用平放；而当电路元器件数量较多，并且 PCB 尺寸不大的情况下，一般采用竖放，竖放时两个焊盘的间距一般取 0.1～0.2 inch。

（4）在稳压器中用来调节输出电压的电位器应满足顺时针调节时输出电压升高，反时针调节时输出电压降低；而在可调恒流充电器中的电位器应满足顺时针调节时，电流增大的要求。

（5）使用集成电路时，一定要特别注意集成电路插座上定位槽放置的方位是否正确。

5. 布线

布线是按照原理图要求将元器件和部件通过印制导线连接成电路，这是印制板设计中的关键步骤。在整个 PCB 中,以布线的设计过程限定最高、技巧最细、工作量最大。PCB 布线有单面布线、双面布线及多层布线。进入布线阶段时往往发现布局方面的不足,例如改变某个集成电路方向可使布线更简洁,因此一般情况下布线和布局要反复数次,才能获得比较满意的效果。

6.2.4　制板底图的绘制

PCB 设计定稿以后,生产前必须将设计图转换成 1∶1 的原版底片,获取原版底片的方式与设计手段有关,除光绘法使用计算机和光绘机,可直接得到原版底片外,其他方式都需要照相制板,用于照相的底图称为制板底图,也叫黑白图或黑白底图。

1. 制板底图的绘制方法

制板底图可通过手工绘图、贴图或计算机绘图等方法绘制。

(1) 手工绘图。手工绘图是在白铜板纸上用墨汁按 4∶1～1∶1(常用 2∶1)的比例绘出黑白图。这种方法简单、绘制灵活,但导线宽度不均匀,图形位置偏大,效率低,目前已极少使用。

(2) 贴图。用不干胶带或干式转移胶在贴图纸或聚酯薄膜上,根据布线草图贴出黑白图。由于可预制图形且胶带粘贴后可修改,故效率和质量都高于手工绘图,但随着计算机普及和 CAD 技术的推广,这种方法也很少使用。

(3) 计算机绘图。随着 CAD 软件的普及与应用,计算机绘图的方式越来越受到推广和重视。首先在计算机上通过软件绘出 PCB 图,然后利用打印机打印出的黑白图作为制版的底图。

2. 制板工艺图

一般将导电图形和印制元件组成的图称为线路图。除线路图外,还有阻焊图和字符标记图两种制板底图,根据 PCB 种类和加工要求,可以要求绘制其中一两种图或全部,阻焊图和字符标记图也称为制板工艺图。

(1) 字符标记图。为了装配和维修方便,常将元器件标记、图形或字符印制到板子上,其原图称为字符标记图,因为常采用丝印的方法,所以也称丝印图。丝印图字符、图形没有统一标准,手工绘制时可按习惯绘制,采用 CAD 绘制时,凡元器件库中的元器件均包含丝印图形和字符。丝印图的比例,绘图要求与线路图相同,可印在元件面上,也可两面都印。

(2) 阻焊图。采用机器焊接 PCB 时,为防止焊锡在非焊盘区桥接,在 PCB 焊点以外的区域印制一层阻止锡焊的涂层,这种印制底图称为阻焊图,由对应于 PCB 上的全部焊点,略大于焊盘的图形所构成。阻焊图可手工绘制,也可采用 CAD 自动生成标准阻焊图。

对于结构比较简单、元件数量较少的 PCB 或元器件规则排列的 PCB,有时字符标记图和线路图可以合并,一起蚀刻在 PCB 上。

3. 印制板加工技术要求

绘制好的图纸交给制板厂时需提供附加技术说明,一般通称技术要求。技术要求一般写在加工图上,简单图也可直接写到线路图或加工合同中。技术要求包括:外形尺寸与误差,板材、板厚,图纸比例,孔径及误差,镀层要求,涂层(创括阻焊层和助焊剂)要求等。

6.3 计算机辅助设计 PCB

随着科学技术日新月异的发展,现代电子工业取得了长足的进步,大规模、超大规模集成电路的使用使 PCB 的走线愈加精密和复杂。传统的手工方式设计和制作 PCB 已显得越来越难以适应新形势,解决这一问题的是计算机辅助设计(CAD)。利用 CAD 进行 PCB 设计,可以省去手工设计时制板草图的绘制,直接得到制板底图,减轻了设计强度,缩短了设计时间,提高了生产效率。在计算机上直接对 PCB 进行设计以及性能分析,提高了 PCB 设计的精度和质量,有利于自动化生产。

进行 PCB 设计的软件较多,澳大利亚 Altium 公司开发的 CAD 系列产品从 Tango、Protel for DOS、Protel for Windows、Protel 99 SE、Protel DXP 到 Altium Designer 6.0、Altium Designer Summer 08、Altium Designer Summer 09 等高端设计软件,体现了 Altium 公司全新的产品开发理念,更加贴近电子设计工程师的应用需求,更加符合未来电子设计发展的趋势。

6.3.1 AD9 软件的启动

1. 软件启动

双击桌面上的 Altium Designer Summer 09 图标或点击开始菜单中的 Altium Designer Summer 09 文件,启动 Altium Designer Summer 09,启动画面如图 6.8 所示。

2. AD9 主界面

Altium Designer Summer 09 启动后,进入如图 6.9 所示的主界面,由系统主菜单、浏览器工具栏、系统工具栏、绘图工作区、工作区面板和工作区面板切换标签等六个部分组成。使用该页面进行工程文件的操作,如创建新工程、打开文件、配置等。

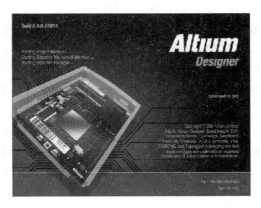

图 6.8　Altium Designer Summer 09 的启动画面

软件初次启动后,一些面板已经打开,比如 File 和 Project 控制面板以面板组合的形式出现在应用窗口的左边,Library 控制面板以弹出方式和按钮的方式出现在应用窗口的右侧边缘处。另外在应用窗口的右下端有 4 个标签 System、Design Compiler、Help、Instrument,分别代表四大类型,点击每个按钮,弹出的菜单中显示各种面板的名称,从而选择访问各种面板,除了直接在应用窗口上选择相应的面板,也可以通过主菜单 View/workspace panels/sub menus 选择相应的面板。

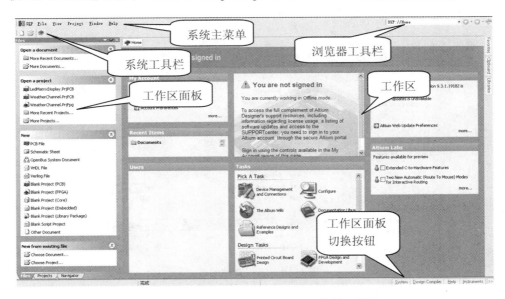

图 6.9　Altium Designer Summer 09 软件主界面

6.3.2　电路原理图的绘制

绘制电路图,首先需要建立工程。工程是每项电子产品设计的基础,在一个工程文件中包括设计中生成的一切文件,比如原理图文件、PCB 图文件、各种报表文件及保留在工程中的所有库或模型。一个工程文件类似 Windows 系统中的"文件夹",在工程文件中可以执行对文件的各种操作,如新建、打开、关闭、复制与删除等。但需注意的是,工程文件只是起到管理的作用,在保存文件时,工程中的各个文件是以单个文件的形式保存的。工程大约有 6 种类型:PCB 工程、FPGA 工程、内核工程、嵌入式工程、脚本工程和库封装工程。

1. 工程的建立

电路设计时需要先建一个工程,然后再建原理图和 PCB 文件,这样系统才能在原理图编译通过后将元件网络表导入到 PCB 编辑环境中;如果不建工程而单独建原理图或 PCB 文件,软件将不能自动将原理图的元件网络表导入到 PCB 中,它会认为这两个是不相关联的文件,而在同一个工程下的原理图和 PCB 文件,软件会认为其是关联文件,文件间可进行许多交互式操作,给设计带来方便。

1) 新建工程

单击菜单 File/New/Project/PCB Project 新建一个工程,默认文件名为 PCB Project1. PrjPCB如图 6.10 所示,单击主菜单 File/Save Project 并保存该工程文件,并可以修改工程文件名,但扩展名不能变。

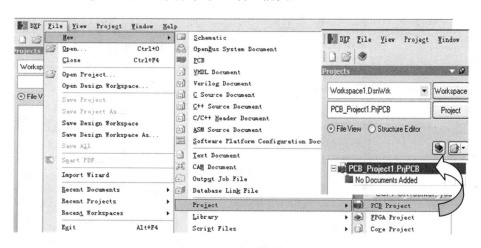

图 6.10　工程文件的建立

2) 装载(卸载)元件库

在图 6.9 界面的右下角单击快捷标签按钮 System/Libraries 打开元件库面板,如图 6.11 所示。

在 Libraries 面板中单击 Libraries..按钮,在其打开的界面中点击 Installed 选项卡,进入库安装和库卸载对话框,要使用的库若未在列表中时,可以单击右下角的 Install..按钮,在打开的界面中找到需使用的库所在的目录,选中库并单击打开,随后在列表中将能看到所添加的库并进行安装。如果要卸载不用的库(在此界面所谓的卸载不会将库从系统中删除,当需要再次使用时可再重新装载)则单击库名称,然后点击右下角的 Remove 按钮即可卸载指定的库。

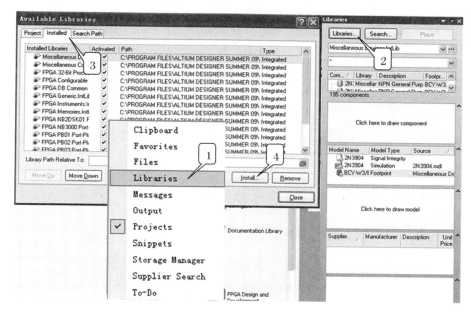

图 6.11　装载元件库

2. 绘制电路原理图

当所需的元件库装载好之后,就可以在工程目录下新建一张原理图开始设计了。单击菜单 File/New/Schematic 新建一份原理图文件,新建的原理图文件默认名为 Sheet1. SchDoc,可以在 Project 面板内右键单击原理图文件,在其菜单中选Save 或 Save As..命令保存原理图,选择文件保存路径并重新命名,如图 6.12 所示。如果保存的原理图文件是以自由文件打开的,必须添加到工程文件中。在Projects 面板的 Free Documents 单元右击原理图文件,选择 Add to Project。这份原理图文件将被添加到 Projects 下的 Source Documents 中,并与其他文件相连接共享数据,也可以直接将自由文件夹下的原理图(＊＊. SchDoc)文件拖到工程文件夹下。

1) 设置原理图编辑环境

在电路原理图绘制过程中,对图纸的设置是原理图设计的第一步。虽然在进入原理图设计环境时,Altium Designer 系统会自动给出默认的图纸相关参数,但是这些默认的参数不一定适合要求,尤其是图纸幅面的大小,一般都要根据设计对象的复杂程度和需要对图纸的大小重新定义。另外,参数设置还包括图纸选项、图纸格式以及栅格的设置等。

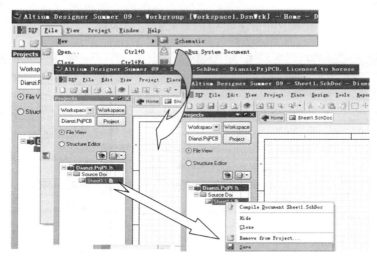

图 6.12 新建电路原理图

设置图纸尺寸时单击 Design/Document Options 菜单命令，将弹出 Document Options 对话框，选择其中的 Sheet Options 标签进行设置，如图 6.13 所示，根据需要一般图纸大小设置为标准 A4 格式。

绘图时，若图纸显示比例不合适时，可以按小键盘上的"Page Up"、"Page Down"、"End"和"Home"键对设计窗口进行放大、缩小、刷新和以光标为中心进行刷新等操作。

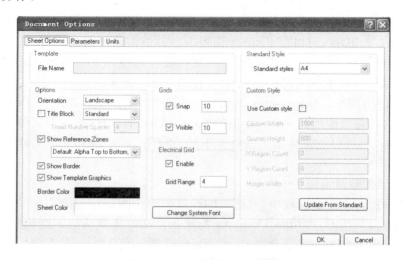

图 6.13 图纸选项设置对话框

2）放置元件

绘制电路原理图时，需要放置不同属性的元件，可以通过 Libraries 面板、Place/Part 菜单等方式操作。

（1）通过 Libraries 面板放置元件。

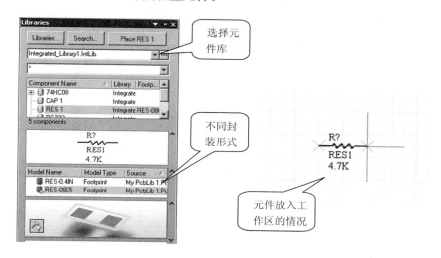

图 6.14　使用 Libraries 面板放置元件

第 1 步：在软件主界面右下角单击快捷菜单 System/Libraries 面板，然后在 Libraries 面板的活动库栏内选择要使用的元件库，如图 6.14 所示。

第 2 步：指定元件，在活动的元件库目录中找到要使用的元件，确定其封装形式，当该元件有多个 PCB 封装时要明确使用的封装。

第 3 步：放置元件，通过第 2 步的方法确定元件参数后，点击 Libraries 面板的 Place ＊＊＊ 按钮即可开始在工作区中放置元件。此时光标符将变成十字形状并且带着一个元件符号，移动光标元件也跟随其移动，在指定位置单击一下鼠标左键可放置一个元件，放置好一个元件后光标仍然是十字形状并带着元件符号，表示还可以进行放置，当希望结束放置时只需单击一下鼠标右键即可结束。

（2）通过菜单放置元件。

单击菜单 Place/Part 打开元件放置对话框，然后单击第一栏后的"…"按钮打开元件查找对话框，选中要放置的元件后单击 OK 按钮将回到元件放置对话框，再单击一次 OK 按钮即可放置元件，放置过程如图 6.15 所示。

（3）放置电源及接地符号。

通过工具栏的快捷图标 GND Power Port 及 Vcc Power Port 为电路图放置一个相应的电气符号，如图 6.16 所示工具栏图标。

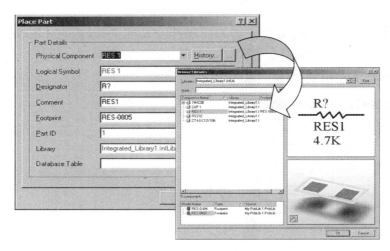

图 6.15　通过菜单放置元件

图 6.16　工具栏快捷图标

（4）元件属性设置及布局。

① 元件标号的设置。

在放置元件时按下键盘 TAB 键或者在原理图上双击要设置元件的符号，即可进入元件属性设置对话框，在属性对话框的 Properties 区域内的 Designator 栏用于设置元件的标号，如图 6.17 所示元件标号设置界面。

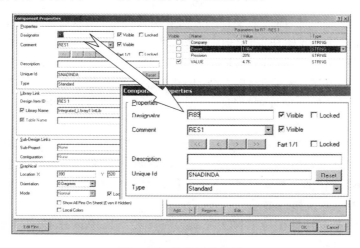

图 6.17　元件标号设置

② 元件电气参数的设置。

在放置元件时按一下键盘 TAB 键或者在原理图上双击要设置元件的符号,即可进入元件属性图设置对话框,在属性对话框的 Parameters 区域内双击参数栏后的 Value 表格,输入电气参数值,如图 6.18 所示。

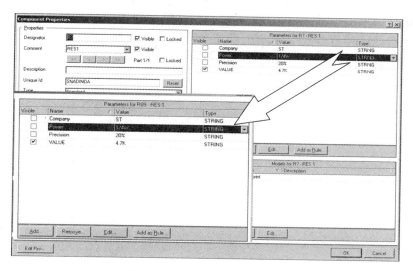

图 6.18　元件电气参数的设置

③ 元件的方位变换。

在放置元件时按一下键盘的空格键,其相应的元件将会自动逆时针旋转 90°,按"X"键进行左右水平翻转,按"Y"键进行上下垂直翻转,或者在原理图上双击元件,打开元件属性对话框,在 Graphical 区域内的 Orientation 栏内选择要旋转的角度,即可对元件的方位进行变换。

④ 常用元器件名称及封装。

电阻:RES1～4(AXIAL＊＊)

接插件:CON＊＊(SIP＊＊)

二极管:DIODE(DIODE＊＊)

双列直插式芯片:74LS＊＊(DIP＊＊)

电位器:POT＊＊(VR＊＊)

三极管:NPN(PNP)(TO＊＊)

电容:CAP(RAD＊＊)ELECTR＊＊(RB＊＊/＊＊)

(5)电路的连线。

通过工具栏的布线快捷图标 ,可以为电路绘制各种导线,具体使用方法如下。

① 直线连接工具。

单击工具栏的直线连接工具 ，然后在原理图上元件的一个管脚或端口符号的电气连接点，出现红色叉号位置单击左键，移动光标将会拉出一条直线，在需要转弯的地方单击左键然后变换方向可以绘制出一条折线，按住 SHIFT＋空格键可以切换折线的转角模式（45°、90°、任意角度等），其后在目标元件的电气连接点上单击右键即可绘制好一条线，如图 6.19 所示，再单击一次右键结束画线。

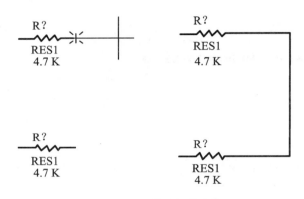

图 6.19　元件之间的连线

② 绘制总线。

单击工具栏的总线绘制工具 ，在原理图上绘制出一条总线主干线，如图 6.20(a)所示；然后单击工具栏的总线入口绘制工具 ，在绘制的总线主干线的一侧放置总线入口符号，如图 6.20(b)所示；最后再单击工具栏的直线绘制工具 ，在绘制总线入口符号另一端电气连接点上绘制出分支线，如图 6.20(c)所示。

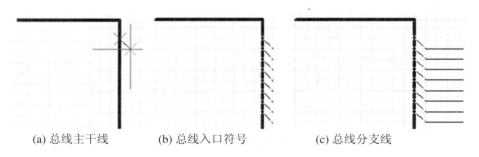

(a) 总线主干线　　　(b) 总线入口符号　　　(c) 总线分支线

图 6.20　总线的绘制过程

(6) 原理图绘制其他工具的使用。

现代电路图设计不再沿用以前的电路图设计方法,在原理图中将各个元件的外围器件直接用导线连接起来,这种设计方法的致命缺陷是随着电路规模越大,电路图上的连线看起来越错综复杂而不利于电路分析,也不利于电路图的分层次、分原理图设计。因此,现代电路图设计软件增加了一些新的工具以及新的设计方法以解决这种局面。

① 添加导线网络标号。

添加导线网络标号可以使原本一条很长的导线分成两段短的导线来画,而在两条短的导线上分别添加相同的网络标号,则其与一条长的导线是等效的功能。

总线主干线和分支线的标注:单击工具栏的网络标号放置工具 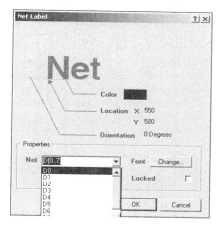,再按一下TAB 键进入网络标号命名对话框,在 NET 栏内输入总线主干线的名称,其格式为:名称[总线最小分支线标号..总线最大分支线标号],输入总线主干线名之后,在总线主干线合适位置单击一下即可命名好总线主干线。主干线命名后,同样的方法命名分支线,结果如图 6.21 所示。

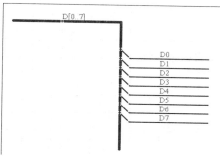

图 6.21　总线标号的命名

② 添加原理图端口。

当一个电路规模较大时,往往需要分多张图纸、分模块来绘制一个电路系统,而在每张电路图上的网络如果是连接到另一张图纸相同的网络时,建议将该网络添加一个原理图端口,以便将来将其转换成层次原理图时软件能自动在层次图符号上添加该原理图端口。

单击工具栏的原理图端口放置工具 ,再按一下 TAB 键进入原理图端口工具属性对话框,在 Name 栏内设置端口名称(建议将该名称设置成被连接的网络一样的名称），在 I/O Type 栏内设置端口的输入、输出等电气类型，如图 6.22 所示。

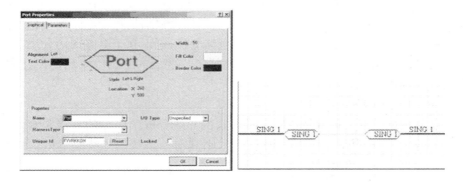

图 6.22　原理图端口标注

（7）原理图的编译。

原理图全部绘制完毕后可以编译一下所绘制的原理图，软件将会自动查找设计中的错误，如有错误将会自动弹出 Messages 消息对话框。在 Project 项目面板内右键单击绘制好的原理图文件，选择第一项：Compile Document ＊＊＊＊ 即可编译指定的原理图，如图 6.23 所示。在绘图区单击右键，选择 Workspace Panels/System/Messages，打开 Messages 对话框，查看编译错误。

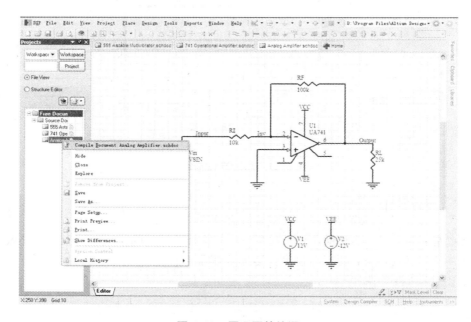

图 6.23　原理图的编译

6.3.3　PCB 图设计

1. 新建 PCB 文件

单击菜单 File/New/PCB 即可新建一个 PCB 文件,如图 6.24 所示。在 Project面板内鼠标右键单击 PCB 文件,选择 Save 或 Save As..命令保存该 PCB 文件。注意:新建的 PCB 文件必须是在工程文件中,并且要保存,如果是独立的 PCB 文件不能将工程中原理图的元件信息导入到 PCB 文件中。

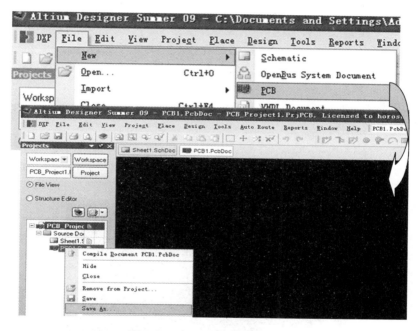

图 6.24　PCB 文件的建立过程

2. 设置 PCB 的大小

在菜单中选择 Design/Board Options···命令,打开如图 6.25 所示的 Board Options 对话框,设置绘制 PCB 图的参数。在对话框的 Measurement Unit 区域,设置显示单位是英制还是公制单位,设置电气栅格大小和鼠标捕捉范围等。在 PCB 绘图工作区底部激活 Keep-Out Layer 层,点击菜单栏 Place/Line 画线命令在 Keep-Out Layer 层绘制 PCB 的边框,确定 PCB 的大小,如图 6.26 所示。注意,不能使用工具栏的 画线工具画线,因为在 Keep-Out Layer 层画的线框,仅确定板子的大小,画的线无电气连接意义。

3. 导入元件

原理图设计好并编译通过后,将原理图设计的元件信息及连线网络表导入到

PCB 文件中,开始进行 PCB 设计。

Board Options [mil]

Measurement Unit
Unit Metric

Snap Grid
X 5mil
Y 5mil

Component Grid
X 20mil
Y 20mil

Electrical Grid
☑ Electrical Grid
Range 8mil
☐ Snap On All Layers
☐ Snap To Board Outline

Visible Grid
Markers Lines
Grid 1 1x Snap Grid
Grid 2 5x Snap Grid

Sheet Position
X 1000mil
Y 1000mil
Width 10000mil
Height 8000mil

☐ Display Sheet
☑ Auto-size to linked layers

Designator Display
Display Physical Designators

图 6.25　PCB 设置界面

图 6.26　PCB 布线框的确定

单击菜单 Design/Import Changes From ＊＊＊. PrjPCB 命令,软件将工程内所有原理图中的元件信息列出在工程变更命令(Engineering Change Order)对话框中,如图 6.27(a)所示。单击 Validate Changes 按钮,验证一下有无错误,如果执行成功则在状态列表(Status)Check 中将会显示 ☑ 符号,若执行过程中出现问题将会显示 ❌ 符号,关闭对话框,检查 Messages 消息框查看错误原因,并清除所有错误,直到没有错误,则单击 Execute Changes 按钮,将信息发送到 PCB。当完成后，Done 那一列将被标记，如图 6.27(b)所示。单击 Close 按钮，目标 PCB 文件打开，并且元件也放在 PCB 板边框的外边沿以准备放置，如图 6.27(c)所示。

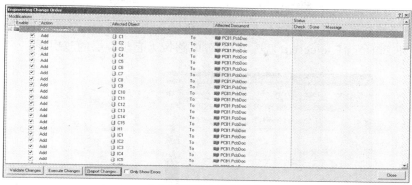

(a) 原理图中元件信息

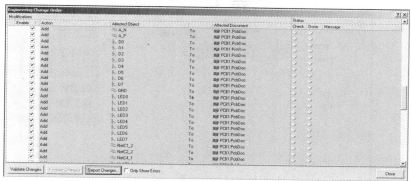

(b) 修改错误后的元件信息

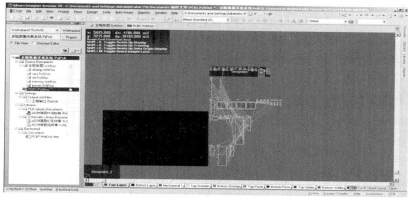

(c) 导入 PCB 中的元件

图 6.27　元件信息导入过程

4. 设置 PCB 板层

单击菜单 Design/Layer Stack Manager 打开层管理对话框，选择 Add Layer 按钮添加电路板层，单击 Add Plane 可添加一个内电层，单击 Delete 可删除选中的层（顶层和底层除外），如图 6.28 所示。在层管理对话框中勾选 Top Dielectric 复选项和 Bottom Dielectric 复选项，设置电路板为有阻焊层的双层板。

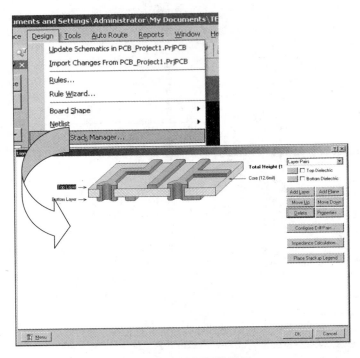

图 6.28　PCB 板层的设置

5. PCB 布局

1）手动布局

在 PCB 中选中要布局的元件，然后按住鼠标左键不放并拖动光标即可移动元件，移动过程中按空格键进行 90°旋转元件，按"X"键进行水平翻转，按"Y"键进行垂直翻转。

2）交互式布局

在原理图中框选住一部分元件，这时在 PCB 中相应的元件也将被选中，利用此功能快速将相关元件拖出，先粗布局，然后再细布局，可以快速完成元件的布局，如图 6.29 所示。

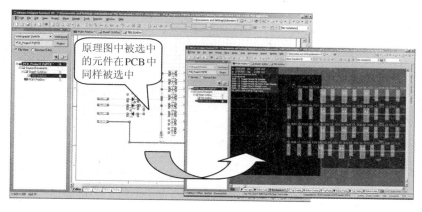

图 6.29　元件的交互式布局

6. PCB 布线

布线前需要对设计规则进行设置。点击菜单 Design/Rules 选项，打开布线规则设置对话框，在对话框左边 Design Rules 文件夹的下面，单击 Routing 展开相关的布线规则，如单击 Width 显示宽度规则，如图 6.30 所示。

单击每条规则时，右边的对话框上方将显示规则的范围，下方将显示规则的限制，一般 PCB 布线设置时，接地线（GND）的宽度设为 30 mil，电源线（V$_{CC}$）的宽度设为 20 mil，其他线的宽度最小值（Min Width）10 mil、首选宽度（Preferred Width）15 mil、最大值（Max Width）20 mil。导线宽度的设定要依据 PCB 板的大小、元器件的多少、导线的疏密、印制板制造厂家的生产工艺等多种因素决定。

图 6.30　设置 Width 规则

1）手动布线

单击菜单 Place/Interactive Routing 命令或单击工具栏中交互式布线图标 ，即可开始在 PCB 工作区中布线，如图 6.31 所示。单击布线网络的起始端，拖动光标将会按光标的路径布出一条线，在确定的位置上再单击一次鼠标左键即可完成布线。布线中按小键盘的"﹡"键可添加一个过孔，同时切换布线层，布线过程中按数字 3 键可按规则中设定的最小线宽、首选线宽、最大线宽的值进行线宽切换。

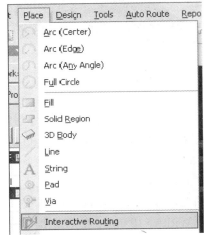
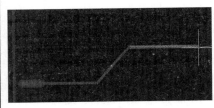

图 6.31　手动方式布线

2）走蛇形线

单击工具栏中交互式布线图标 进入交互式布线，在布线过程中按键盘 Shift+A 即可切换到蛇形布线模式，在蛇形布线模式中按数字 1、2 键可调整蛇形线倾角，按 3、4 键可调节间距、按"＜"或"＞"左右尖括号键可调节蛇形线幅度，如图 6.32 所示。

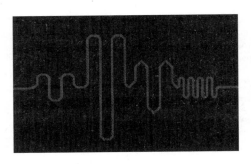

图 6.32　蛇形布线

3）自动布线

在菜单中选择 Auto Route/All 命令，打开 Situs Routing Strategies 对话框，如图 6.33 所示，对布线层等规则进行设置。然后单击 Route All 按钮进行自动布线，Messages 消息对话框自动打开，显示自动布线的过程。

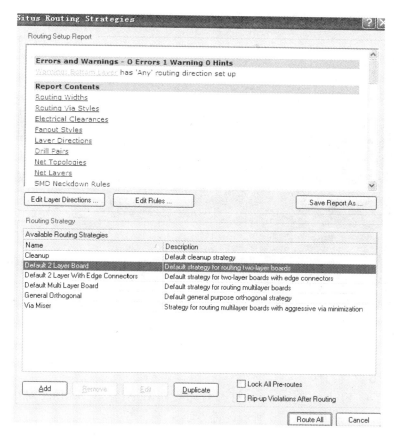

图 6.33　自动布线设置界面

7. PCB 后期处理

1）固定螺丝孔

在 PCB 编辑环境下将活动层切换到机械层,然后在 PCB 合适的位置画个圆圈即可,也可以在 PCB 上用过孔代替。

2）铺铜

单击菜单栏 Place/Polygon Pour 或工具栏快捷图标 ▪,在 PCB 板上画出铜箔的外形,再单击鼠标右键即可为 PCB 进行覆铜。

3）3D 预览

在 PCB 环境中按数字 3 可查看 PCB 的 3D 效果(如不能显示则可能是计算机的显卡不支持)。在 3D 状态下按住 SHIFT 键和鼠标右键,然后拖动光标可移动 PCB 及视角,按数字 0、9 键可将 PCB 进行 0°及 90°旋转,按键盘 V + F 键可进行全屏显示 PCB,显示效果如图 6.34 所示。

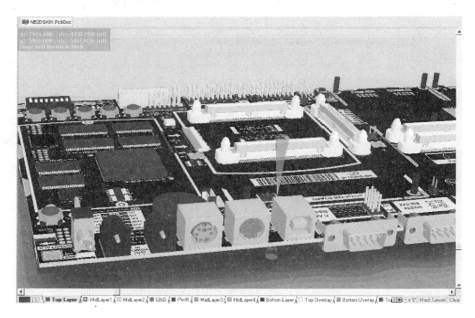

图 6.34　3D 显示效果

8. PCB 文件打印

单击菜单 File/page setup…打开打印设置对话框,在 Scaling 对话框内选择 Scaled print 选项,如图 6.35 所示设置界面。

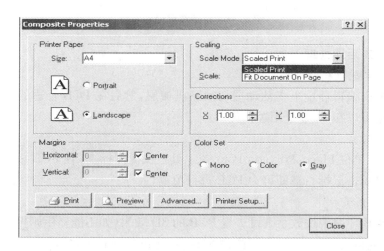

图 6.35　Scaling 的设置界面

　　在 Scaling 设置界面进入 Advanced…对话框,选择要打印的对象,不要打印的对象可点击右键删除,如需要打印的层不在列表里,则可选择插入命令,如图 6.36 所示。打印环境设置后,即可通过打印机打印出设计好的 PCB 图。

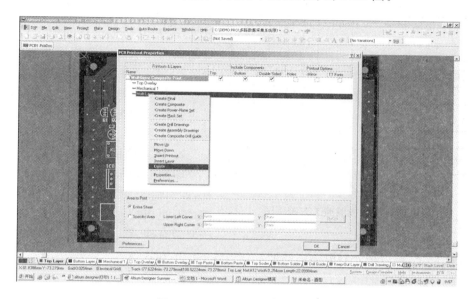

图 6.36　Advanced 的设置界面

6.4　PCB 的制作

　　随着电子技术的飞速发展,对 PCB 的制造工艺和精度也不断提出新的要求。对于不同的厂家生产 PCB 的工艺不尽相同,目前使用最多的仍然是铜箔蚀刻法。

6.4.1　PCB 制作工艺流程

　　随着印制电路板制造工艺技术的不断发展,目前使用最为广泛的是铜箔蚀刻法制造印制电路板,即将设计完成的图形通过图形转移在敷铜板上形成防蚀图形,然后用化学试剂蚀刻掉不需要的铜箔,保留下的部分就形成了所需的印制电路板。在制造印制电路板的过程中一般要经过几十个工序,从简单的机械加工到复杂的机械加工,有普通的化学反应,还有光化学、电化学、热化学等工艺,还包括了计算机辅助设计（CAD）、计算机辅助制造（CAM）等，图6.37是最为典型的双面板制造工艺流程图。

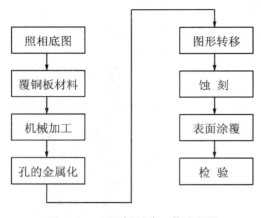

图6.37　双面板制造工艺流程图

1. 照相底图

照相底图是制造印制电路板的依据，印制电路板设计完成之后，即可制成照相底图。照相底图要求按照2∶1、4∶1或8∶1的比例放大，这样照相底图反映出的制图公差才能减少到比较理想的程度，保证绘图的精度。

2. PCB 的机械加工

印制电路板的外形和各种用途孔，如引线孔、机械安装孔、定位孔等都是通过机械加工完成的，其加工方法通常有冲、钻、剪、铣、锯等，根据加工零件形式，可以把印制电路板的加工分为外形加工和孔加工。

3. 孔的金属化

对于多层印制电路板而言，为了把内层印制导线引出和互连，需要将印制导线的孔金属化。孔的金属化是在孔内电镀一层金属，形成一个金属筒，与印制导线连接起来的一种技术。孔的金属化工艺就是在孔内壁表面化学沉铜后，通过全板电镀铜或图形电镀来实现层间可靠的连接的工艺。

4. 图形转移

图形转移是指将照相底片转移到覆铜板上，常用的方法有光化法和丝网漏印法，前者精密度较高，后者精密度较低。

5. 蚀刻

在覆铜箔印制电路板的生产中，凡是用化学或电化学的方法去铜的过程都是蚀刻，蚀刻就是将涂有抗蚀剂并经过感光显影后的印制电路板上未感光部分的铜箔腐蚀掉，在印制电路板上留下所需电路图形的过程。蚀刻方法有摇动侵蚀法和高压喷淋法，蚀刻质量的基本要求就是能够将抗蚀层以外的所有铜层完全去除干净。

6. 表面涂覆

制作出未立即使用的印制电路板，需涂覆预焊剂，但最好的方法是在印制导线制成后再进行表面处理。印制电路板表面涂覆层是指阻焊层以外可供电气连接或电气互连的可焊性涂镀层和保护层，使制作好的 PCB 能够长期存放。

6.4.2　手工制作 PCB

1. 图形转移

1）热转印法

热转印法是一项新兴的印制电路板印刷工艺,该工艺的印刷方式分为转印膜印刷和转印加工两大部分。转印膜印刷采用网点印刷(分辨率达 300 点/in),将图案预先印在薄膜表面,印刷的图案层次丰富、色彩鲜艳,千变万化,色差小,再现性好、能达到图案设计者要求的效果,并且适合大批量生产;转印加工通过热转印机的一次加工,将转印膜上精美的图案转印在产品表面,成型后油墨层与产品表面融为一体,逼真、漂亮,能大大提高产品的档次。用热转印法制作电路板的具体步骤为:

(1) 用 CAD 工具软件画出印制电路板版图。

(2) 将印制电路板版图通过激光打印机打印到菲林纸上。

(3) 将菲林纸上印有电路图的一面紧贴电路板的覆铜面送入热转印机,压印后待电路板冷却,然后将菲林纸撕开,电路图就印在电路板上了。

2）感光法

感光法工作流程由以下四步完成:

(1) 用打印机把制作好的电路图形打印到菲林纸上,如果打印双面板,设置顶层打印时需要镜像。

(2) 把菲林纸覆盖在具有感光膜的覆铜板上,放进曝光箱里进行曝光,时间一般为 1 min,双面板两面分别进行曝光。

(3) 曝光完毕,拿出覆铜板放进显影液里显影,半分钟后感光层被腐蚀掉,并有墨绿色雾状漂浮。显影完毕可看到,线路部分圆滑饱满,清晰可见,非线路部分呈现黄色铜箔。

(4) 把覆铜板放到清水里,清洗干净后擦干,清晰的电路图就定影在电路板上了。

2. 腐蚀

腐蚀也称烂板,就是把覆铜板上没有耐酸保护膜的部分铜箔利用化学的方法去掉,留下组成图形的焊盘、印制导线及元件符号等。经腐蚀的印制电路板就定型了,因此这道工序十分重要,操作应特别细心。

腐蚀液又称蚀刻液,大都采用三氯化铁($FeCl_3$)溶液,它蚀刻速度快,质量好、溶铜量大、溶液稳定,价格低。常用的腐蚀液还有酸性氯化铜、碱性氯化铜、过氧化氢硫酸蚀刻液等。不同的蚀刻液使用场合不同,大量使用时应注意废液的处理、铜的回收、环境的保护等问题。

三氯化铁蚀刻液的配制：三氯化铁 450～500 g，盐酸（或硫酸）5～10 ml，水 1000 ml，温度控制在 34～38 ℃ 蚀刻效果较好，但蚀刻速度较慢，一般要 20～30 min。

盐酸腐蚀液的配制：把浓度为 31% 的过氧化氢（工业用）与浓度为 37% 的盐酸（工业用）和水按 1：3：4 比例配制成腐蚀液。先把 4 份水倒入盘中，然后倒入 3 份盐酸，用玻璃棒搅拌再缓缓地加入 1 份过氧化氢，继续用玻璃棒搅匀后即完成配制。盐酸腐蚀液蚀刻速度较快，一般 5 min 左右完成覆铜板的蚀刻。

腐蚀的方法有浸入式、泡沫式、泼溅式、喷淋式等，操作程序可根据批量和设备而定。

浸入式：将覆铜板浸入腐蚀液中，用排笔轻轻刷扫。此方法通用于单件或小批量操作，效率较低。

泡沫式：以压缩空气为动力，将腐蚀液吹成泡沫，对覆铜板进行腐蚀。此法适用于小批量生产，质量好，效率高。

泼溅式：利用离心力作用，将腐蚀液泼溅到覆铜板上，达到腐蚀的目的。此法只适用于单面板的生产，效率较高。

喷淋式：用塑料泵将腐蚀液经喷头喷成雾状，并以高速喷淋到覆铜板上，覆铜板可用机械输送带传送，进行连续生产。此方法可进行大批量生产、是较为先进的技术。

覆铜板的腐蚀不论选用哪种方式，在操作过程中要达到高质量的效果，其腐蚀的控制很重要，腐蚀过程中应随时掌握溶液的浓度、温度的变化。设备运行速度形成的腐蚀液对覆铜板的冲击力，都是影响覆铜板腐蚀程度的因素，即影响印制电路板质量的因素。例如，对 0.05 mm 厚的铜箔，在槽温不超过 40 ℃ 时，腐蚀时间一般在 8～12 min 即可。腐蚀好的印制电路板必须立即清洗干净，以防止腐蚀液残存部分对电路铜箔底部侧向腐蚀，影响印制电路板质量。

腐蚀后必须对电路板进行清洗，一般有流水冲洗和中和清洗两种方法。

流水冲洗法：把腐蚀后的印制电路板立即放在流水中清洗 30 min。若有条件，可采用冷水—热水—冷水—热水这样的循环冲洗过程。

中和清洗法：把腐蚀后的印制电路板用流水冲洗后，放入 10% 的草酸溶液中处理，拿出后用热水冲洗，最后再用冷水冲洗。也可用 10% 的盐酸处理 2 min，水洗后用碳酸钠中和，最后再用流水彻底冲洗。

3. 金属涂覆

腐蚀后经清洗的铜箔表面虽有良好的可焊性，但经不起储存，因为电解铜很容易被空气氧化。为提高印制电路板的导电、可焊、耐磨与装饰性能，延长印制电路板的使用寿命，提高电气连接的可靠性，可以在印制电路板铜箔上涂覆一层金属增加可焊性,常用的涂覆层有金、银和铅锡合金材料。

（1）金镀层仅用于插头和某些特殊部位。

（2）银镀层用于高频电路以降低表面阻抗,但出于银镀层容易发生硫化而发黑,降低了可焊性和外观质量,一般电路基本不用。

（3）铅锡合金涂层防护性及可焊性良好,成本低,目前应用最广泛。

4. 涂助焊剂与阻焊剂

PCB 经表面金属涂覆后,根据不同需要可进行助焊或阻焊处理。涂助焊剂可提高可焊性,而在高密度铅锡合金板上,为使板面得到保护,确保焊接的准确性,一般在板面上加阻焊剂,使焊盘裸露,其他部位均在阻焊层下。阻焊涂料分热固化型和光固化型两种,色泽为深绿或浅绿色。PCB 上还有表示各元器件的位置、名称等的文字及符号,一般采用丝网漏印的方法印刷。

6.4.3　PCB 质量检验

PCB 制成后必须通过必要的检验,才能进入装配工艺。

1）目视法检验

目视法就是借助简单的工具,如直尺、卡尺、放大镜等,对要求不高的 PCB 进行质量检查,检查所制作 PCB 是否和相应的工艺规则相符。

2）通电检查

就是使用万用表对导电图形连通性能进行检测,重点是双面板的金属化孔和多层板的连通性能。批量生产中应配专门工具和仪器。

3）绝缘性能检查

主要是检测同一层不同导线之间或不同层导线之间的绝缘电阻,从而判定PCB 的绝缘性能是否符合要求。检测时应在一定温度和湿度下按相应 PCB 标准进行。

4）可焊性检查

可焊性检查是检验焊料对导电图形的润湿性能,保证焊接质量。

5）镀层附着力检查

检验镀层附着力可采用胶带实验法。将质量好的透明胶带粘到要测试的镀层上,按压均匀后快速掀起胶带并将一端扯下,镀层无脱落为合格。

第 7 章　装配与调试

7.1　装配前的准备

电子设备装配前的准备工序,是指在整机装配或流水线生产前,将元器件、材料、工件等进行加工处理的过程,连接导线的加工尤其重要。

7.1.1　绝缘导线的加工

绝缘导线加工主要分为剪裁、剥头、捻头(多股导线)、浸锡、清洁等工序。

1. 裁剪

导线裁剪前,用手或工具轻捷地拉伸,使之尽量平直,然后用尺和剪刀,将导线裁剪成所需尺寸,剪裁的导线长度允许有 5%～10% 的正误差,不允许出现负误差。

2. 导线端头的加工

端头绝缘层的剥离方法有刃截法和热截法。刃截法设备简单但容易损伤导线,热截法需要一把热剥皮器(或用电烙铁代替),并将烙铁加工成宽凿形。热截法的优点是,剥头好、不损伤导线。

1) 刃截法

(1)电工刀或剪刀剥头。先在规定长度的剥头处切割一个圆形线口,注意深度不要割透绝缘层而损伤导线,接着在切口处多次弯曲导线,靠弯曲时的张力撕破残余的绝缘层,最后轻轻地拉下绝缘层。

(2)剥线钳剥头。剥线钳适用于以 φ0.5～2 mm 的橡胶、塑料为绝缘层的导线、绞合线和屏蔽线。有特殊刃口的也可用于聚四氟乙烯为绝缘层的导线。剥线时,将规定剥头长度的导线插入刃口内,压紧剥线钳,刀刃切入绝缘层内,随后夹爪抓住导线,拉出剥下的绝缘层。

2）热截法

通常使用的热控剥皮器外形如图 7.1 所示。使用时，将热控剥皮器通电预热 10 min 后，待电热丝呈暗红色时，将需剥头的导线按剥头所需长度放在两个电极之间。边加热边转动导线，待四周绝缘层切断后，用手边转动边向外拉，即可剥出无损伤的端头。加工时注意通风，注意正确选择剥皮器端头合适的温度。

3. 捻头

多股导线剥去绝缘层后，要进行捻头以防止芯线松散。捻头时要顺着原来的合股方向，捻线时用力不宜过猛，否则易将细线捻断。捻过之后的芯线，其螺旋角一般在 $30°\sim45°$，如图 7.2 所示。芯线捻紧不得松散，如果芯线上有涂漆层，应先将涂漆层去除后再捻头。

图 7.1　热控剥皮器　　　　　　　图 7.2　多股导线捻头角度

4. 浸锡（又称搪锡、预挂锡）

捻好的导线端头需浸锡，其目的在于防止氧化，以提高焊接质量。浸锡有锡锅浸锡、电烙铁上锡等方法。

1）锡锅（又称搪锡缸）浸锡

锡锅通电使锅中焊料熔化，将捻好头的导线蘸上助焊剂，然后将导线垂直插入锡锅中，并且使浸渍层与绝缘层之间留有 $1\sim2$ mm 的间隙，见图 7.3 所示，待润湿后取出，浸锡时间为 $1\sim3$ s。浸锡时注意：

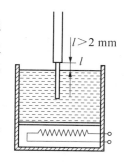

（1）浸渍时间不能太长，以免导线绝缘层受热后收缩；

（2）浸渍层与绝缘层之间必须留有间隙，否则绝缘层会过热收缩甚至破裂；

（3）应随时清除锡锅中的锡渣，以确保浸渍层光洁；

图 7.3　导线端头浸锡

（4）如一次不成功，可稍停留一会儿再次浸渍，切不可连续浸渍。

2）电烙铁上锡

待电烙铁加热至能熔化焊锡时，在烙铁上蘸满焊料，将导线端头放在一块松香上，烙铁头压在导线端头，左手边慢慢地转动边往后拉，当导线端头脱离烙铁后导线端头上即上好了锡。上锡时注意：

（1）松香要用新的，否则端头会很脏。

（2）烙铁头不要烫伤导线绝缘层。

5. 清洁

浸（搪）好锡的导线端头有时会留有焊料或焊剂的残渣，应及时清除，否则会给焊接带来不良后果。清洗液可选用酒精，不允许用机械方法刮擦，以免损伤芯线。当然，对于要求不高的产品也可以不进行清洗。

7.1.2　屏蔽导线的加工

屏蔽导线是一种在绝缘导线外面套上一层铜编织套的特殊导线，其加工过程分为下面几个步骤。

1. 导线的剪裁和外绝缘层的剥离

用尺和剪刀（或斜口钳）剪下规定尺寸的屏蔽线。导线长度只允许5%～10%的正误差，不允许有负误差。

2. 剥去端部外绝缘护套的方法

1）热剥法

在需要剥去外护套的地方，用热控剥皮器烫一圈，深度直达铜编织层，再顺着断裂圈到端口烫一条槽，深度也要达到铜编织层，接着用尖嘴钳或医用镊子夹持外护套，撕下外绝缘护套，如图7.4所示。

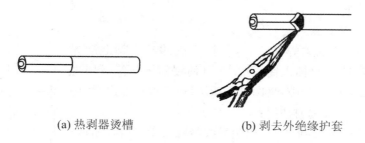

(a) 热剥器烫槽　　　　　　　　(b) 剥去外绝缘护套

图7.4　热剥法去除外绝缘护套

2）刃截法

基本方法同热剥法，但需要用刀刃（或单面刀片）代替温控剥皮器。具体做法是：从端头开始用刀刃划开外绝缘层，再从根部划一圈后用手或镊子钳住，即可剥离绝缘层。注意，刀刃要斜切，划切时不要伤及屏蔽层。

3. 铜编织套的加工

1）较细、较软屏蔽线铜编织套的加工

（1）左手拿住屏蔽的外绝缘层，右手指向左推编织线，使之成为图7.5(a)所示的形状。

　　（2）用针或镊子在铜编织套上拨开一个孔,弯曲屏蔽层,从孔中取出芯线,如图 7.5(b)所示,用手指捏住已抽出芯线的铜屏蔽编织套向端部拉一下,根据要求剪取适当的长度。

　　2）较粗、较硬屏蔽线铜编织套的加工

　　先剪去适当长度的屏蔽层,在屏蔽层下面缠黄蜡绸布 2～3 层(或用适当直径的玻璃纤维套管),再用 $\phi0.5\sim0.8\,\text{mm}$ 的镀银铜线密绕在屏蔽层端头,宽度为 2～6 mm,然后用电烙铁将绕好的铜线焊在一起后,空绕一圈,并留出一定的长度,最后套上收缩套管。注意,焊接时间不宜过长,否则易将绝缘层烫坏。

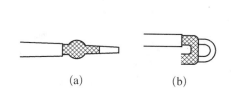

图 7.5　细软屏蔽线的加工　　　　　　图 7.6　屏蔽层不接地时端头的加工

　　3）屏蔽层不接地时端头的加工

　　将编织套推成球状后用剪刀剪去,仔细修剪干净即可,如 7.6(a)所示。若是要求较高的场合,则在剪去编织套后,将剩余编织线翻过来,如图 7.6(b)所示,再套上热收缩套管,如图 7.6(c)所示。

7.2　电子设备连接导线的处理

7.2.1　连接导线端子标记的打印

1. 端子标记的要求

　　打印端子标记,是为了使安装、焊接、检修和维修时方便。标记通常打印在导线端子、元器件、组件板、各种接线板、机箱分箱的面板上以及机箱分箱插座、接线柱附近。

　　所有标记都应与设计图纸的标记一致,符合电气文字符号国家新标准,文字符号应按有关电气名词术语国家标准或专业标准中规定的英文术语缩写而成。同一设备或元器件若有几种名称时,应选用其中一个名称,并在这个电子装置的标记中只用这个名称,以免混淆。当设备名称、功能、状态或特征为一个英文单词时,一般根据国家标准的规定采用该单词的第一位字母构成文字符号,需要时也可用前两位字母。当设备名称、功能、状态或特征为两个或三个英文单词时,一般采用该两个或三个单词的第一个字母,或采用常用缩略语或按习惯构成的文字符号,基本文字符号不得超过两位字母,对辅助文字符号一般不能超过三位字母,又因为拉丁字母"I"、"Q"易与阿拉伯数字"1"和"0"混淆,因此不允许单独作为文字符号使用。标记字体的书写应字体端正,笔画清楚,排列整齐,间隔均称。在小型元器件上加注标记时,可以仅标记元器件的序号,例如 R6 只标出"6"即可。当"6"与"9"不易分清时(上看、下看不易确认),可在"6"、"9"字的右下方打点,成为"6."、"9."以示读数方向。

标记应放在明显的位置,不被其他导线、器件所遮盖,标记的读数方向要与机座或机箱的边线平行或垂直,同一个面的标记,读数方向要统一。标记一般不要打印在元器件上,否则更换元器件时会带来麻烦,在保证不更换的元器件上,打印标记是允许的。

目前,在一般产品的印制电路板上,将元器件电路符号和文字符号都打印在印制电路板的背面,元器件的引线对准焊盘,这样给安装和修理带来许多方便。

2. 绝缘导线的标记

简单的电子制作所用的元器件不多,所用的导线也很少,仅凭塑料绝缘导线的颜色就能分清连接线的来龙去脉,可以不打印标记。市场上导线的颜色大约有十几种,同一种颜色又可凭导线粗细不同区分开。复杂的电子装置使用的绝缘导线通常有很多根,需要在导线两端印上线号或色环标记,或采用套管打印标记等方法。

1) 导线端印字标记

导线标记位置应打印在离绝缘端 8～15 mm 处,如图 7.7 所示。印字要清楚,印字方向要一致,字号应与导线粗细相适应。机内跨接导线数量较少,可以不打印标记。短导线数量较多,可以只在其一端打印标记。深色导线可用白色油墨,浅色导线可用黑色油墨,以使字迹清晰可辨。

2) 导线色环标记

导线的色环位置应根据导线的粗细,从距导线绝缘端 10～20 mm 处开始标记,色环宽度取 2 mm,色环间距约为 2 mm。

各色环的宽度、距离、色度要均匀一致,导线色环并不代表数字,而仅仅是作为区别不同导线的一种标志。色环读法是从线端开始向后顺序读出,用少数颜色排列组合可构成多种色标。例如,用红、黑、黄三色可组成下列色标:① 只用一个色环,红、黑、黄,共 3 种色环。② 用两个色环,红红、黑黑、黄黄、红黑、黑红、黄红、红黄、黑黄、黄黑,共 9 种色环等。

染色环所用的设备为染色环机、眉笔、台架(供染色后自然干燥用的简单设备)。所用颜色由各色盐基性染料加聚氯乙烯 10%、二氯乙烷 90% 配制而成。

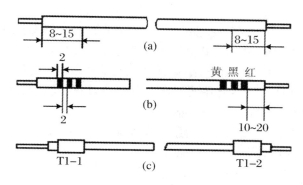

图 7.7　绝缘导线的标记

3) 端子筒标记

在元器件较多,接线又多,而且机壳较大时,如机柜、控制台等,为便于识别接线端子,通常采用端子筒。端子筒亦叫"标记筒"、"筒子",有的干脆就叫"端子"。常用塑料管剪成 8~15 mm 长的筒子,在筒子上印有标记及序号,然后套在绝缘导线的端子上。在业余制作及产品数量不多的情况下,端子筒上的文字与序号可用手写。在塑料筒子上写标记,一般可采用蓝色或红色圆珠笔,为了不易被手擦去、应把写好的标记放在烈日下曝晒 1~2 h 或放在烘箱中烘烤 30 min 左右,这样冷却后油墨就不易被擦去了。

3. 手工打印标记

在绝缘导线或端子筒上,也可以采用手工打印标记。手工打印标记一般用有弹性的字符印章,如橡皮印章、塑料印章、明胶印章等,不可用硬质材料做成的印章,因为要印标记的位置通常本身都是硬的。打印标记前应先去掉需打印标记位置上的灰尘和油污。然后将少量油墨放在油墨板上,用小油滚将油墨滚成均匀的一薄层,把字符印章蘸上油墨。打印时,印章要对准打印位置,先向外稍倾斜,再向里侧稍倾斜压下。操作时,用力不能太大,可先在不需要的绝缘电线或端子筒上试一试。如果标记印得模糊,可以立即用干净布料(或蘸少许汽油)擦掉,再重新打印。

7.2.2　连接导线的扎制

如果电子设备的电气连接导线走向杂乱无章,势必影响美观和多占用空间,破坏电子设备生产的条理性,给检查、测试和维修带来麻烦。因此,根据设备结构的安装要求,可以将相同走向的导线绑扎成一定形状的导线束,俗称线把,以提高整机装配的安装质量。

1. 线把绑扎的基本常识

1) 走线要求

(1) 不要把电源线与信号线捆在一起,以防止信号受到干扰。

(2) 导线束不要形成环路,以防止磁力线通过环形线,产生电磁干扰。

(3) 接地点要尽量集中在一起,以保证它们是可靠的同电位。

(4) 远离发热体并且不要在元器件上方走线,以免发热元件破坏导线绝缘层及增加更换元器件的困难。

(5) 为了操作方便,走线时应注意尽量走最短距离的连线,转弯处取直角以及尽量在同一平面内连线。

2) 常用绑扎线束的方法

(1) 线绳绑扎。

如图 7.8(a)所示,用棉线、亚麻线及尼龙线等把有关导线捆扎成线把,不至于电气连接线杂乱无序。

(2) 粘合剂结扎。

如图 7.8(b)所示,用四氢化呋喃粘合剂粘合,通常要经过 2~3 min,待粘合剂凝固后才能移动,防止脱胶。

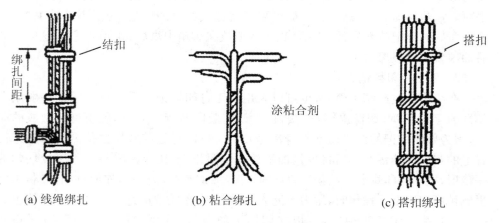

(a) 线绳绑扎　　　　　(b) 粘合绑扎　　　　　(c) 搭扣绑扎

图 7.8　导线束绑扎方法

(3) 线扎搭扣绑扎。

如图 7.8(c)所示,用各类式样的线扎搭扣,均可方便地扎成导线束。

目前,在一些小型整机中,常使用扁形多股线代替线把束,以减少绑扎的麻烦。

2. 线绳连续绑扎的要求

导线束的连续绑扎大多采用锦丝绳,其绑扎间距可参照表 7.1 中的要求,绑扎结扣的打法如图 7.9 所示,其中起始结扣的打法如图 7.9(a)所示,要拉紧;中间结扣的打法如图 7.9(b)所示,操作时扎线要力求整齐,适当收紧;终端结扣的打结操作如图 7.9(c)所示,要先打一个像图 7.9(b)那样的中间结扣,在此基础上再绕一圈固定扣,起始结扣与终端结扣绑扎完毕应涂上清漆或 Q98－1 胶,以防止松脱。

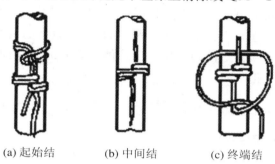

(a) 起始结　　　　　(b) 中间结　　　　　(c) 终端结

图 7.9　连续捆扎线绳的打结

表 7.1　绑扎间距

导线束直径/mm	绑扎间距/mm
<8	10～15
8～15	15～25
15～25	25～40
>25	40～60

带分支线束的绑扎如图 7.10 所示,通常在分支拐弯处要多绕几圈线绳,以便加固。

3. 导线束的防护

导线束(即线把)绑扎后有时还要加防护层,通常要缠绕一层绝缘材料,一般选用聚氯乙烯带或尼龙带,宽度约为 10～20 mm。缠绕时绝缘带前后搭边的宽度不少于带宽的 1/2,末端用粘合剂粘牢或用棉丝绳扎紧,并涂上 Q98-1 胶粘牢。

(a) 单线分支　　　　　(b) 多线分支　　　　　(c) 分支合并

图 7.10　分支线的绑扎

7.3 电子设备组装工艺

电子设备组装的目的,就是以合理的结构安排,最简化的工艺实现整机的技术指标,快速有效地制造出稳定可靠的产品。所以电子设备的装配工作不仅是一项重要的工作,也是一项创造性的工作。从某种意义上讲,掌握现代装配技术的人员,将引领电子制造业。

7.3.1 电子设备组装的内容和方法

1. 组装内容和组装级别

电子设备的组装是将各种电子元器件、机电元件及结构件,按照设计要求,装接在规定的位置上,组成具有一定功能的完整的电子产品的过程。组装内容主要有:单元的划分;元器件的布局;各种元件、部件、结构件的安装;整机连装等。在组装过程中,根据组装单位的大小、尺寸、复杂程度和特点的不同,将电子设备的组装分成不同的等级,一般分为四级:

第一级组装,称为元件级,是最低的组装级别,其特点是结构不可分割。通常指通用电路元件、分立元件及其按需要构成的组件、集成电路组件等。

第二级组装,称为插件级,用于组装和互联第一级元器件。例如,装有元器件的印制电路板或插件等。

第三级组装,称为底板级,用于安装和互联第二级组装的插件或印制电路板部件。

第四级组装及更高级别的组装,称为箱级、柜级及系统级。主要通过电缆及连接器互连二、三级组装,并以电源馈线构成独立的有一定功能的仪器或设备。对于系统级,可能设备不在同一地点,则需用传输线或其他方式连接。

2. 组装特点及方法

1) 组装特点

电子设备的组装,在电气上是以印制电路板为支撑主体的电子元器件的电路连接,在结构上通过紧固零件或其他方法,由内到外按一定的顺序安装。电子产品属于技术密集型产品,其组装的主要特点是:

(1) 组装工作是由多种基本技术构成的。如元器件的筛选与引线成型技术、线材加工处理技术、焊接技术、安装技术、质量检验技术等。

（2）装配操作质量。在很多情况下，都难以进行定量分析。如焊接质量的好坏，通常以目测判断，刻度盘、旋钮等的装配质量多以手感鉴定等。因此，掌握正确的安装操作方法是十分必要的，切勿养成随心所欲的操作习惯。

（3）进行装配工作的人员必须进行训练，经考核合格后持证上岗。否则，由于知识缺乏和技术水平不高，就可能生产出次品，而一旦混进次品，就不可能百分之百地被检查出来，产品质量就没有保证。

2）组装方法

组装工序在生产过程中要占去大量时间。装配时对于给定的生产条件，必须研究几种可能的方案，并选取其中最佳方案。目前，电子设备的组装方法，从组装原理上可以分为三种：

（1）功能法。是将电子设备的一部分放在一个完整的结构部件内，该部件能完成变换或形成信号的局部任务，从而得到在功能上和结构上都已完整的部件，便于生产和维护。按照用一个部件来完成设备的一组既定功能的规模，称这种方法为部件功能法。不同的功能部件有不同的结构外形、体积、安装尺寸和连接尺寸，很难做出统一的规定，这种方法将降低整个设备的组装密度。

（2）组件法。就是制造出一些在外形尺寸和安装尺寸上都统一的部件，这时部件的功能完整性退居到次要地位。这种方法广泛用于统一电气安装工作中并可大大提高安装密度。根据实际需要组件法又可分为平面组件法和分层组件法，大多用于组装以集成器件为主的设备。规范化所带来的副作用是允许功能和结构上有某些余量。

（3）功能组件法。这是兼顾功能法和组件法的特点，制造出既保证功能完整性又有规范化结构尺寸的组件。微型电路的发展，导致组装密度增大，以及可能有更大的结构余量和功能余量。因此，对微型电路进行结构设计时，要同时遵从功能原理和组件原理的原则。

7.3.2　整机装配工艺过程

整机装配的工序因设备的种类、规模不同，其构成也有所不同，但基本工序并没有什么变化，据此就可以制定出制造电子设备最有效的工序，一般整机装配工艺过程如图 7.11 所示。由于产品的复杂程度、设备场地条件、生产数量、技术力量及工人操作技术水平等情况的不同，生产的组织形式和工序也要根据实际情况有所变化。若大批量生产、印制板装配、机座装配及线束加工等几个工序，可并列进行，重要的是要根据生产人数，装配人员的技术水平来编制最有利于现场指导的工序。

1. 装配元件的分类

在电子设备的装配准备工作中，最主要的操作内容是装配元件的分类。处理好这一工作,是避免出错,迅速装配高质量产品的首要条件。

不论生产批量多少,元件分类方法基本一样,只是在大批量生产时,一般多用流水作业法进行装配。元件的分类应落实到各装配工序,分析整个装配工序的内容,事先决定每一道工序的作业量,再将每一道工序的元件分类,然后再根据作业的难度,适当配置装配人员并适当调整工作量,均衡每人的工作时间,这对于制订装配元件的分类计划至关重要。

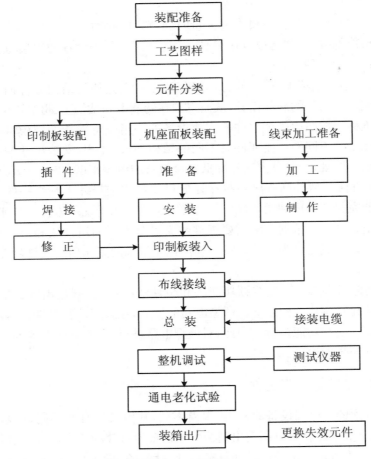

图 7.11 整机装配工艺流程图

2. 操作台的配置

使用方便、有效的操作台,对提高工作效率,减轻劳动强度、保证安全、提高质量有着重要的意义。操作台构造及大小应根据左右手伸及的最大活动范围来决定,适当的作业范围是:手臂自然下垂时,以肘关节为中心前臂的活动范围,根据这两个活动范围配置工具、元件、材料。所谓使用方便的操作台,就应保持在上述两种适当的作业范围内,满足以下条件:① 能有效地使用双手;② 手的动作距离最短;③ 取物无需换手,取置方便;④ 操作安全。

大批量生产时,流水线上都配置按上述条件制作的标准操作台,单独使用的操作台,往往还需加一些方便工作的辅助设施。

3. 装配工具的使用

装配电子设备常用的工具一般为三类:

(1)装配时必需的工具,适用各道操作工序。如:十字螺钉旋具、一字螺钉旋具、活络扳手、斜口钳、尖嘴钳、剥线钳、镊子、烙铁、剪刀等。

(2)辅助工具,主要用来修理。如:挫刀、电工钻、丝攻、电工钳、刮刀、金工锯等。

(3)计量工具及仪表,装配后自查使用。如:游标卡尺、直尺、万用表等。

操作人员对常用工具的性能应有所了解,熟练地掌握使用方法和操作要领,以及维护知识,这样才能使其在生产中发挥作用。随着电子工业的发展,大量新型多功能的电子设备装配的专用夹具、设备的出现,将使大部分的手工操作被取而代之,但常用工具仍然是需要的。

7.4　测试与调整工艺

由于无线电电路设计的近似性、元器件的离散性和装配工艺的局限性,装配完的整机一般都要进行不同程度的测试与调整。所以在电子产品的生产过程中,调试是一个非常重要的环节,调试工艺水平在很大程度上决定了整机的质量。

7.4.1　静态测试与调整

1. 供电电源静态电压测试

电源电压是各级电路静态工作点是否正常的前提,若电源电压偏高或偏低都不能得到准确的静态工作点,影响电路正常工作。电源电压若有较大波动(如计算机机箱电源),最好先不要接入电路,测量其空载和接入假负载时的电压,待电源电压输出正常后再接入电路。

2. 测试单元电路静态工作电流

通过测量各级电路静态工作电流,可以了解单元电路工作状态,若电流偏大,则说明电路有短路或漏电;若电流偏小,则电路供电有可能出现开路,只有及早测量该电流,才能减小元件损坏。此时的电流只能作参考,单元电路各静态工作点调试完后,还要测量静态工作总电流。

3. 三极管静态电压、电流测试

首先要测量三极管三极对地电压,即 U_b、U_c、U_e,或测量 U_{be}、U_{ce} 电压,判断三极管是否在规定的状态(放大、饱和、截止)内工作。例如:测出 $U_c = 0$ V、$U_b = 0.68$ V、$U_e = 0$ V,则说明三极管处于饱和导通状态,该状态是否与设计相同,若不相同,则要认真分析这些数据,找出原因并对基极偏置进行适当的调整。

其次再测量三极管集电极静态电流,测量方法有两种:

(1)直接测量法。把集电极电路断开,然后串入万用表,用电流挡测量其电流。

(2)间接测量法。通过测量三极管集电极电阻或发射极电阻的电压,然后根据欧姆定律 $I = U/R$,计算出集电极静态电流。

4. 集成电路静态工作点的测试

(1)集成电路各引脚静态对地电压的测量。集成电路内的晶体管、电阻、电容封装在一起,无法进行调整。一般情况下,集成电路各脚对地电压基本上反映了其内部工作状态是否正常,在排除外围元件损坏(或插错元件、短路)的情况下,只要将所测得电压与正常电压进行比较,即可做出正确判断。

(2)集成电路静态工作电流的测量。有时集成电路虽然正常工作,但发热严重,说明其功耗偏大,是静态工作电流不正常的表现,所以要测量其静态工作电流。测量时可断开集成电路供电引脚,串入万用表,使用电流挡来测量。若是双电源供电(即正负电源),则必须分别测量。

5. 数字电路静态逻辑电平的测量

一般情况下,数字电路只有两种电平,以 TTL 与非门电路为例,0.8 V 以下为低电平,1.8 V 以上为高电平。电压在 0.8～1.8 V 之间电路状态不稳定,所以该电压范围是不允许的。不同数字电路高低电平界限有所不同,但相差不大。

在测量数字电路的静态逻辑电平时,需要在输入端加入高电平或低电平,然后再测量各输出端的电压是高电平还是低电平,并做好记录。测量完毕后分析其状态电平,判断是否符合该数字电路的逻辑关系,若不符合,则要对电路引线作一次详细检查,或者更换该集成电路。

6. 静态电路调整方法

进行静态测试时,可能需要对某些元件的参数加以调整,调整方法一般有两种:

(1)元件替换法。通过替换元件来选择合适的电路参数。电路原理图中,元件参数旁边通常标注有"＊"号,表示需要在调整中才能准确地选定,因为反复替换元件很不方便,一般总是先接入可调元件,待调整确定了合适的元件参数后,再换上与选定参数值相同的固定元件。

（2）调节可调元件法。在电路中已经装有调整元件,如电位器、微调电容或微调电感等,其优点是调节方便,而且电路工作一段时间以后,如果状态发生变化,也可以随时调整,但可调元件的可靠性差,体积也比固定元件大。

静态测试与调整的内容较多,适用于产品研制阶段或初学者试制电路使用。在生产阶段,为了提高生产效率,往往只作简单针对性的调试,主要以调节可调性元件为主。对于不合格电路,也只作简单检查,如观察有没有短路或断路等。若不能发现故障,则应立即在底板上标明故障现象,再转向维修生产线进行维修,这样才不会耽误生产线的运行。

7.4.2　动态测试与调整

动态测试与调整是保证电路各项参数、性能、指标的重要步骤。其测试与调整的内容包括动态工作电压、波形的形状及其幅值和放大倍数、动态范围、相位关系、通频带、输出功率等。对于数字电路来说,只要器件选择合适,直流工作点正常,逻辑关系就不会有太大问题,一般测试电平的转换和工作速度即可。

1. 测试电路动态工作电压

测试内容包括三极管 b、e、c 极和集成电路各引脚对地的动态工作电压,动态电压与静态电压同样是判断电路是否正常工作的重要依据,例如有些振荡电路,当电路启振时测量 U_{be} 直流电压,万用表指针会出现反偏现象,可以判断振荡电路已经启振。

2. 测量电路重要波形的幅度和频率

无论是在调试还是在排除故障的过程中,波形的测试与调整都是一个相当重要的技术。各种整机电路中都可能有波形产生或波形处理变换的电路,为了判断电路工作过程是否正常,是否符合技术要求,常需要观测各被测电路的输入、输出波形,并加以分析。对不符合技术要求的,则要通过调整电路元器件的参数,使之达到预定的技术要求。在脉冲电路的波形变换中,这种测试更为重要。

大多数情况下观察的波形都是电压波形,有时为了观察电流波形,可通过测量限流电阻上的电压,间接观察电流波形。用示波器观测波形时,示波器上限频率应高于测试信号的频率,对于脉冲波形,示波器的上升时间还必须满足要求。观测波形的时候可能会出现以下几种不正常的情况,只要细心分析波形,总会找出排除故障的办法。

（1）测量点没有波形。这种情况应重点检查电路中的静态工作点。

（2）波形失真。波形失真或波形不符合设计要求,必须根据波形特点而采取相应的处理方法。例如,推挽功率放大器出现如图 7.12 所示的波形,图 7.12（a）是正常波形,图 7.12（b）属于对称性削波失真。通过适当减少输入信号电压,即可测出其最大不失真输出电压,这就是该放大器的动态范围。该动态范围与原设计值进行比较,若相符,则图 7.12（b）的波形也属正常。而图 7.12（c）、图 7.12（d）两种波形均可能是由于互补输出级中点电位偏离所引起,所以检查并调整该放大器的中点电位（一般都有一电位器进行调整,若没有,可改变输入端的偏置电阻）使输出波形对称。如果中点电位正常,仍然出现上述波形,则可能是由于前几级电路中某一级工作点不正常引起的。对此只能逐级测量,直到找到出现故障的那一级放大器为止。图 7.12（e）所示的波形主要是输出级互补管特性差异过大所致,对于图 7.12（f）所示的波形是由于输出互补管静态工作电流太小所致,称为交越或交叉失真,可以用电位器来调整。必须指出的是静态偏置电流与中点电位的调节互相影响,必须反复调节,使其达到最佳工作状态。而对波形的线性、幅度要求较高的电路,一般都设置有专用电位器或一些补偿元件来调整。电视机行、场扫描锯齿波的调整,可以根据屏幕上校准信号进行调节,通过调整相应电位器（如行、场线性电位器、幅度电位器）使屏幕线性良好即可。

（3）波形幅度过大或过小。这种情况主要与电路增益控制元件有关,只要细心测量调整有关增益控制元件即可排除故障。

（4）电压波形频率不准确。这种情况与振荡电路的选频元件有关,一般通过可调电感（如空芯电感线圈、中周等）或可调电容来改变频率,满足设计要求。

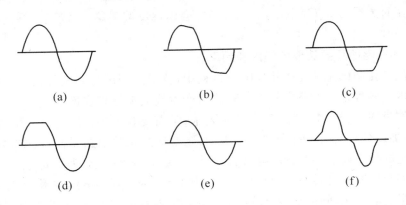

（a）　　　　　　　　（b）　　　　　　　　（c）

（d）　　　　　　　　（e）　　　　　　　　（f）

图 7.12　正常波形与失真波形

（5）波形时有时无不稳定。这种情况可能是元件或引线接触不良而引起,如果是振荡电路,另一种原因则是电路处于临界状态,对此必须通过调整其静态工作点或一些反馈元件才能排除故障。

（6）有杂波混入。这种情况首先要排除外来干扰，即要做好各项屏蔽措施。若仍未能排除，则可能是电路自激引起的，因此只能通过加大消振电容的方法来排除故障，如加大电路的输入输出端对地电容、三极管 bc 间电容、集成电路消振电容（相位补偿电容）等。

7.4.3 整机性能检测及试验

整机测试是把所有经过静、动态调试的各个单元组装在一起进行的有关测试，主要目的是使电子产品完全达到原设计的技术指标和要求。由于大部分调试内容已在各级电路中完成了调试，整机测试只需检测整机技术指标是否达到原设计要求即可，若不能达到则再作适当调整。整机测试流程一般有以下几个步骤：

1. 整机外观检查

整机外观的检查主要是检查其外观部件是否齐全，外观调节部件和活动部件是否灵活。

2. 整机内部检查

整机内部的检查主要是检查其内部连线的分布是否合理、整齐，内部传动部件是否灵活、可靠，各单元电路板或其他部件与机座是否紧固，以及它们之间的连接线、接插件有没有漏插、错插、是否插紧等。

3. 对单元电路性能指标进行复检调试

该步骤主要是针对各单元电路连接后产生的相互影响而设置的，其主要目的是复检各单元电路性能指标是否有改变，若有改变，则需调整有关元器件。

4. 整机技术指标的测试

对已调整好的整机必须进行严格的技术测定，以判断是否达到原设计的技术要求。如收音机的整机功耗、灵敏度、频率覆盖等技术指标的测定。不同类型的整机有各自的技术指标，并规定了相应的测试方法（一般按照国家对该类型电子产品规定的方法进行测量）。

5. 整机老化和环境试验

通常，电子产品在装配、调试完后还要对部分整机进行老化测试和环境试验，这样可以及早发现电子产品中一些潜伏的故障，特别是可以发现一些带有共性的故障，从而对其同类型产品能够及早通过修改电路进行补救，有利于提高电子产品的耐用性和可靠性。

老化测试是对小部分电子产品进行长时间通电运行，并测量其无故障工作时间，分析总结这些电器的故障特点，找出它们的共性问题加以解决。

环境试验一般根据电子产品的工作环境而确定具体的试验内容，并按照国家

规定的方法进行试验。环境试验一般只对部分产品进行,常见环境试验内容和方法有:

(1) 对供电电源适应能力试验。如使用交流 220 V 供电的电子产品,一般要求输入交流电压在(220±22) V 和频率在(50±4) Hz 之内,电子产品仍能正常工作。

(2) 温度试验。把电子产品放入温度试验箱内,进行额定使用的上、下限工作温度的试验。

(3) 振动和冲击试验。把电子产品紧固在专门的振动台和冲击台上进行单一频率振动试验、可变频率振动试验和冲击试验,用木锤敲击电子产品也是冲击试验的一种。

(4) 运输试验。把电子产品捆绑在载重汽车上奔走几十公里进行试验。

7.5　产品故障检测方法

采用适当的方法,查找、判断和确定故障具体部位及其原因,是故障检测的关键。下面根据在多年实践中总结归纳出的方法,介绍几种故障检测方法,针对具体检测对象,灵活加以运用,并不断总结适合自己工作领域的经验方法,才能达到快速准确有效排除故障的目的。

7.5.1　观察法

观察法是通过目视找出电子线路故障的方法。这是一种最简单、最安全的方法,也是各种仪器设备故障检测的第一步。观察法分为静态观察法和动态观察法两种。

1. 静态观察法

在电子线路通电前主要通过目视检查找出某些故障。实践证明,占电子线路故障相当比例的焊点脱焊、导线接头氧化、电容器漏液或炸裂、接插件松脱、电接点生锈等故障,完全可以通过观察发现,没有必要对整个电路大动干戈,导致故障升级。

"静态"强调集中精力,仔细观察,马马虎虎走马观花往往不能发现故障。静态观察,要先外后内,循序渐进。打开机壳前先检查电器外表,有无碰伤和按键、插口、电线、电缆损坏,保险是否烧断等。打开机壳后,先看机内各种装置和元器件,有无相碰、断线、烧坏等现象,然后拨动一些元器件、导线等进行进一步检查。对于试验电路或样机,要对照原理检查接线有无错误,元器件是否符合设计要求,IC 管脚有无插错方向或折弯,有无漏焊、短接等故障。当静态观察未发现异常时,可采用动态观察法。

2. 动态观察法

电路通电后,运用人体视、听、闻、触觉检查线路故障。通电观察,对于底板带电设备应采用隔离变压器进行供电,为防止故障扩大可采用调压器逐渐加电。一般情况下还应使用电流表、电压表等仪表监视电路状态。

通电后,眼要看电路内有无打火、冒烟等现象;耳要听电路内有无异常声音;鼻要闻电器内有无烧焦、烧糊的异味;手要触摸一些管子、集成电路等是否发烫(注意:高压、大电流电路须防触电、防烫伤),发现异常立即断电。

通电观察,有时可以确定故障原因,但大部分情况下并不能确认故障确切部位及原因。例如一个集成电路发热,可能是周边电路故障,也可能是供电电压有误,既可能是负载过重也可能是电路自激,当然也不排除集成电路本身损坏,必须配合其他检测方法分析判断,找出故障所在。

7.5.2　测量法

测量法是故障检测中使用最广泛、最有效的方法。根据检测的电参数特性又可分为电阻法、电压法、电流法、逻辑状态法和波形法。

1. 电阻测量法

电阻是各种电子元器件和电路的基本特征,利用万用表测量电子元器件或电路各点之间电阻值来判断故障的方法称为电阻法。测量电阻值,有"在线"和"离线"两种基本方式。

"在线"测量,需要考虑被测元器件受其他并联支路的影响,测量结果应对照原理图分析判断。

"离线"测量,需要将被测元器件或电路从整个电路或印制板上脱焊下来,操作较麻烦但结果准确可靠。

用电阻法测量集成电路,通常先将一个表笔接地,用另一个表笔测各引脚对地电阻值,然后交换表笔再测一次,将测量值与正常值(有些维修资料给出,或自己积累)进行比较,相差较大者往往是故障所在。电阻法对确定开关、接插件、导线、印制板电路的通断及电阻器的变质、电容器短路、电感线圈断路等故障非常有效而且快捷,但对晶体管、集成电路以及电路单元来说,一般不能直接判定故障,需要对比分析或兼用其他方法,但由于电阻法不用给电路通电,可将检测风险降到最小,故一般检测首先采用。电阻法测量时需要注意:

（1）使用电阻法时应在线路断电、大电容放电的情况下进行，否则结果不准确，还可能损坏电表。

（2）在检测低电压供电的集成电路（≤5 V）时避免用指针式万用表的10 kΩ 挡。

（3）在线测量对应将万用表表笔交替测试，对比分析。

2. 电压测量法

电子线路正常工作时，线路各点都有一个确定的工作电压，通过测量电压来判断故障的方法称为电压法。电压法是通电检测手段中最基本、最常用的方法，根据电源性质分为交流和直流电压测量。

（1）交流电压测量，一般电子线路中交流回路较为简单，对 50/60 Hz 市电升压或降压后的电压只需使用普通万用表选择合适 AC 量程即可，测高压时要注意安全并养成用单手操作的习惯。

对非 50/60 Hz 的电源，例如变频器输出电压的测量就要考虑所用电压表的频率特性，一般指针式万用表为 45～2000 Hz，数字式万用表为 45～500 Hz，超过范围或非正弦波测量结果都不正确。

（2）直流电压测量检测一般分为三步：① 测量稳压电路输出端是否正常。② 各单元电路及电路的关键"点"，例如放大电路输出点，外接部件电源端等处电压是否正常。③ 电路主要元器件如晶体管、集成电路各管脚电压是否正常，对集成电路首先要测电源端。

比较完善的产品说明书中应该给出电路各点正常工作电压，有些维修资料中还提供集成电路各引脚的工作电压。另外可对比正常工作的同种电路的各点电压。偏离正常电压较多的部位或元器件，往往就是故障所在部位。这种检测方法，要求工作者具有电路分析能力并尽可能收集相关电路的资料数据，才能达到事半功倍的效果。

3. 信号测量法

对于本身不带信号产生电路或信号产生电路有故障的信号处理电路采用信号注入法是有效的检测方法。所谓信号注入，就是在信号处理电路的各级输入端输入已知的外加测试信号，通过终端指示器（指示仪表、扬声器、显示器等）或检测仪器来判断电路工作状态，从而找出电路故障。

采用信号注入法检测时要注意以下几点：

（1）信号注入顺序根据具体电路可采用正向、反向或中间注入的顺序。

（2）注入信号的性质和幅度要根据电路和注入点变化，如收音机音频部分注入信号，越靠近扬声器需要的信号越强，越靠近前端信号过强可能使放大器饱和失真，通常可以估测注入点工作信号作为注入信号的参考。

（3）注入信号时要选择合适的接地点，防止信号源和被测电路相互影响。一般情况下可选择靠近注入点的接地点。

（4）信号与被测电路要选择合适的耦合方式，例如交流信号应串接合适电容，直流信号串接适当电阻，使信号与被测电路阻抗匹配。

（5）信号注入有时可采用简单易行的方式，如收音机检测时可用人体感应信号作为注入信号（即手持导电体碰触相应电路部分）进行判别。同理，有时也必须注意感应信号对外加信号检测的影响。

7.5.3　替换法

替换法是用规格性能相同的正常元器件、单元电路或部件，代替电路中被怀疑的相应部分，从而判断故障所在的一种检测方法，也是电路调试、检修中最常用、最有效的方法之一。

实际应用中，按替换的对象不同，可有三种方法。

1. 元器件替换

元器件替换除某些电路结构较为方便外（例如带插接件的 IC、开关、继电器等），一般都需拆焊，操作比较麻烦且容易损坏周边电路或印制板，因此元器件替换一般只作为其他检测方法较难判别时才采用的方法，并且尽量避免对电路板做"大手术"。例如，怀疑某个元器件引线开路，可直接焊上一个新元件试验之，怀疑某个电容容量减小可再并上一只电容试之。

2. 单元电路替换

当怀疑某一单元电路有故障时，另用一台同样型号或类型的正常电路，替换待查机器的相应单元电路，可判定此单元电路是否正常。有些电路有相同的单元若干，例如双踪示波器电路，两个通道电路完全相同，可用于交叉替换试验。

当电子设备采用单元电路多板结构时替换试验是比较方便的，因此对现场维修的设备，尽可能采用方便替换的结构，使设备具有良好的维修性。

3. 部件替换

随着集成电路和安装技术的发展，电子产品迅速向集成度更高、功能更多、体积更小的方向发展，不仅元器件级的替换困难，单元电路替换也越来越不方便。过去十几块甚至几十块电路的功能，现在用一块集成电路即可完成，在单位面积的印制板上可以容纳更多的电路单元。电路的检测、维修逐渐向板卡级甚至整体方向发展。特别是较为复杂的由若干独立功能件组成的系统，检测时主要采用的是部件替换方法。

部件替换试验要遵循以下三点：

（1）用于替换的部件与原部件必须型号、规格一致，或者是主要性能、功能兼容并且能正常工作的部件。

（2）要替换的部件接口工作正常，至少电源及输入、输出口正常，不会使替换部件损坏。这一点要求在替换前分析故障现象并对接口电源作必要检测。

（3）替换电路要单独试验，不要一次换多个部件。

最后需要强调的是替换法虽是一种常用检测方法，但不是最佳方法，更不是首选方法，它只是在用其他方法检测的基础上对某一部分有怀疑时才选用的方法。

对于采用微处理器的智能系统应注意先排除软件故障，然后才进行硬件检测和替换。

7.5.4　比较法

有时用多种检测手段及试验方法都不能判定故障所在，并不复杂的比较法却能出奇制胜。常用的比较法有与正常机比较、调整参数比较、信号旁路比较及组件排除比较等四种方法。

1. 与正常机比较

本方法是将故障机与同一类型正常工作的机器进行比较、查找故障的方法。这种方法对缺乏资料而本身较复杂的设备，例如以微处理器为基础的产品尤为适用。

与正常机比较法是以检测法为基础。对可能存在故障的电路部分进行工作点测定和波形观察，或者信号监测，比较正常机和故障机的差别，往往会发现问题。当然由于每台设备不可能完全一致，检测结果还要通过分析判断，这些常识性问题需要基本理论基础和日常工作经验的积累。

2. 调整参数比较法

调整参数比较法是通过整机设备可调元件或改变某些现状，比较调整前后电路的变化来确定故障的一种检测方法。这种方法特别适用于放置时间较长或经过搬运、跌落等外部条件变化引起故障的设备。

正常情况下，检测设备时不应随便变动可调部件。但因为设备受外界力作用有可能改变出厂的设定而引起故障，因而检测时在事先做好复位标记的前提下可改变某些可调电容、电阻、电感等元件，并注意比较调整前后设备的工作状况。有时还需要触动元器件引脚、导线、接插件或者将插件拔出重新插接，或者将怀疑焊接点部位重新焊接等，注意观察和记录状态变化前后设备的工作状况，发现故障和排除故障。

运用调整参数比较法时最忌讳乱调乱动，而又不作标记。调整和改变现状，随时比较变化前后的状态，发现调整无效或向坏的方向变化应及时恢复。

3. 信号旁路比较法

信号旁路比较法是用适当容量和耐压的电容对被检测设备电路的某些部位进

行旁路的比较检查方法,适用于电源干扰、寄生振荡等故障。因为旁路比较实际是一种交流短路试验,所以一般情况下先选用一种容量较小的电容,临时跨接在有疑问的电路部位和"地"之间,观察比较故障现象的变化。如果电路向好的方向变化,可适当加大电容容量再试,直到消除故障,根据旁路的部位可以判定故障点。

4. 组件排除比较法

有些组合整机或组合系统中往往有若干相同功能和结构的组件,调试中发现系统功能不正常时,不能确定引起故障的组件,这种情况下采用组件排除比较法容易确认故障所在。方法是逐一插入组件,同时监视整机或系统,如果系统正常工作,就可排除该组件的嫌疑,再插入另一块组件试验,直到找出故障。例如,某控制系统用 6 个插卡分别控制 6 个对象,调试中发现系统存在干扰,采用组件排除比较法,若插入第三块插卡时干扰现象出现,确认问题出在第三块插卡上,用其他卡代之,干扰排除。注意每次插入或拔出单元组件都要关断电源,防止带电插拔造成系统损坏。

第 8 章　实习产品介绍

电子产品装配与调试是将基本技能训练、基本工艺知识和创新启蒙有机结合，以学生自己动手、掌握一定操作技能并亲手制作实习产品为特色的活动。本章介绍多用充电器、数字万用表、超外差中波收音机、单片机最小系统板等几种具有实用价值的电子工艺实习产品的组装与调试，供学生根据具体的实际情况加以选做。

8.1　多用充电器的装调

8.1.1　实习目的

通过制作，了解电子产品生产试制的全过程，训练动手能力，培养工程实践观念。

8.1.2　充电器性能指标

（1）输入电压：AC 220 V；输出电压（直流恒压）：分三挡（即 3 V、4.5 V、6 V），各挡误差为 ±10%。

（2）输出电流（直流）：额定值 150 mA，最大 300 mA。

（3）过载、短路保护：有过载、短路保护，故障消除后可自动恢复。

（4）充电稳定电流：60 mA（±10%）可对 1～5 节 5 号镍镉电池充电，充电时间 10～12 h。

8.1.3　充电器工作原理

多用充电器电路原理框图如图 8.1 所示，有变压、整流、滤波、稳压和恒流等几部分电路组成。

变压部分将 220 V 工频交流电降压为 7.5 V 交流电，经整流滤波得到 10 V 左右平滑的直流电,经稳压后产生 3～6 V 稳定直流电压给负载供电,稳流后产生恒定电流给电池充电。

图 8.1　多用充电器组成框图

电路原理图如图 8.2 所示。由图可见,变压器 T 及二极管 V1～V4、电容 C_1 构成典型全波整流滤波电路,V5～V7 组成典型串联稳压电路,其中 LED2 兼有电源指示及稳压管的作用,当流经该发光二极管的电流变化不大时,其正向压降较为稳定(约为 1.9 V 左右),因此可作为低电压稳压管来使用。R_2 及 LED1 组成简单过载及短路保护电路,输出过载(输出电流增大)时 R_2 上压降增大,当增大到一定数值后 LED1 导通,使调整管 V5、V6 的基极电流不再增大,限制了输出电流的增加,起到限流保护作用。K1 为输出电压选择开关,K2 为输出电压极性变换开关。

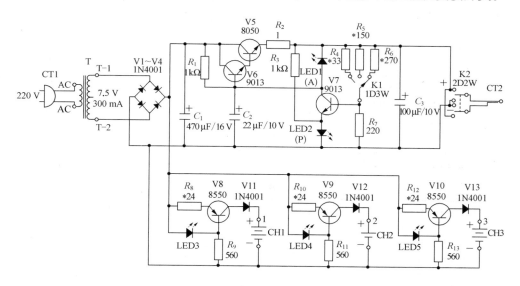

图 8.2　充电器电路原理图

V8、V9、V10 及其相应元器件组成三路完全相同的恒流源电路,在 V8 单元中,LED3 兼作稳压及充电指示双重作用,V11 可防止电池极性接错。如图可知,通过电阻 R_8 的电流可近似地表示为:

$$I_o = (U_Z - U_{be}) / R_8$$

式中，I_o 为输出电流，U_{be} 为 V8 的基极和发射极间的压降，一定条件下约为 0.7 V；U_z 为 LED3 上的正向压降，取 1.9 V。

由公式可见，I_o 主要取决于 U_z 的稳定性，与负载无关，实现恒流特性。改变 R_8 即可调节输出电流，因此可改为大电流快速充电器，也可减小电流对 7 号电池充电。

8.1.4　制作步骤及工艺要求

1. 元器件检测

安装前必须对全部元器件进行检测，检测内容与要求如表 8.1 所示，整机材料清单如表 8.2 所示。

表 8.1　元器件检测内容及要求

元器件名称	测　试　内　容　及　要　求
二极管	正向电阻、极性标志是否正确（有色环的一边为负极）
三极管	判断极性及类型（8050、9013 为 NPN 型，8550 为 PNP 型），β 应大于 50
电解电容	是否漏电，极性是否正确。要求漏电流小、极性正确
电　阻	阻值是否合格
发光二极管	判断极性及好坏，用万用表×10k 欧姆挡检测
开　关	通断是否可靠
插头及导线	导线端点是否镀锡
变压器	绕组有无断路、短路，电压是否正确

表 8.2　多用充电器材料清单

序号	代　号	名　称	规格及型号	数量	备　注	检查
1	V1～V4 V11～V13	二极管	1N4001（1 A/50 V）	7	A（A 板）	
2	V5	三极管	8050（NPN）	1	A	
3	V6、V7	三极管	9013（NPN）	2	A	
4	V8、V9 V10	三极管	8550（PNP）	3	A	

续表

序号	代　号	名　称	规格及型号	数量	备　注	检查
5	LED1、3～5	发光二极管	φ3 红色	4	B(B 板)	
6	LED2	发光二极管	φ3 绿色	1	B	
7	C_1	电解电容	470 μF/16 V	1	A	
8	C_2	电解电容	22 μF/10 V	1	A	
9	C_3	电解电容	100 μF/10 V	1	A	
10	R_1、R_3	电阻	1 k(1/8 W)	2	A	
11	R_2	电阻	1 Ω(1/8 W)	1	A	
12	R_4	电阻	33 Ω(1/8 W)	1	A	
13	R_5	电阻	150 Ω(1/8 W)	1	A	
14	R_6	电阻	270 Ω(1/8 W)	1	A	
15	R_7	电阻	220 Ω(1/8 W)	1	A	
16	R_8、R_{10} R_{12}	电阻	24 Ω(1/8 W)	3	A	
17	R_9、R_{11} R_{13}	电阻	560 Ω(1/8 W)	3	A	
18	K1	拨动开关	1D3W	1	B	
19	K2	拨动开关	2D2W	1	B	
20	CT2	十字插头线		1	B	
21	CT1	电源插头线	2 A 220 V	1	接变压器 AC-AC 端	
22	T	电源变压器	3 W 7.5 V	1	JK	
23	A	印制线路板(A)	大板	1	JK	
24	B	印制线路板(B)	小板	1	JK	
25	JK	机壳后盖上盖	套	1		
26	TH	弹簧(塔簧)		5	JK	
27	ZJ	正极片		5	JK	
28		自攻螺钉	M 2.5	2	固定印制线路板 B 板	

序号	代　号	名　　称	规格及型号	数量	备　　注	检查
29		自攻螺钉	M 3	3	固定机壳后盖	
30	PX	排线(15P)	75 mm	1	A板与B板间的连接线	
31	JX接线	J1 J2 J3 J4/J5 J6 J7 J8 J9	160 mm 125 mm 80 mm 35 mm 55 mm 75 mm 15 mm	1/1 3/1 1/1 1	注:J9(印制板B上面的开关K2旁边的短接线)可采用硬裸线或元器件腿	
32		热缩套管	30 mm	2	用于电源线与变压器引出导线间接点处的绝缘	

2. 印制板的焊接

充电器印制板有 A、B 两块,先焊接 A 板。按图 8.3(a)所示位置,将元器件全部卧式焊接,注意二极管、三极管及电解电容的极性。A 板焊好后再焊 B 板,B 板焊接步骤如下:

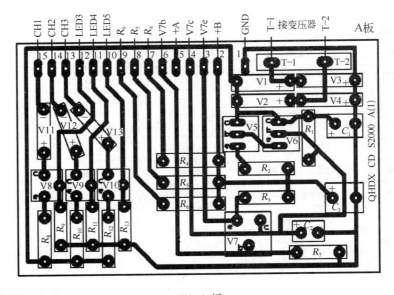

(a) A 板

图 8.3　充电器印制电路板

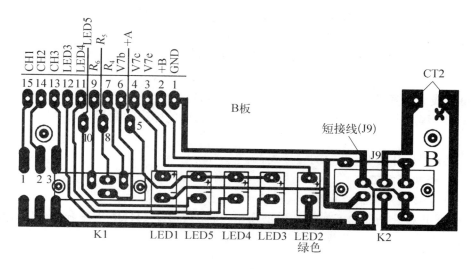

（b）B 板

图 8.3（续） 充电器印制电路板

（1）按图 8.3(b)所示位置，将 K1、K2 从元件面插入，且必须装到底。

（2）LED1～LED5 的焊接高度如图 8.4(a)所示，要求发光管顶部距离印制板高度为 13.5～14 mm。让 5 个发光管露出机壳 1.5 mm 左右，且排列整齐，并注意颜色和极性。也可先不焊 LED，待 LED 插入 B 板后装入机壳调好位置再焊接。

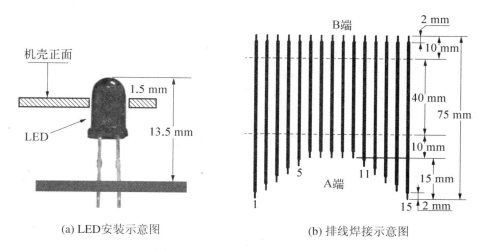

（a）LED 安装示意图   （b）排线焊接示意图

图 8.4 LED 安装及排线焊示意图

（3）将 15 根排线 B 端如图 8.4(b)与印制板 1～15 焊盘依次顺序焊接。排线两端必须镀锡处理后方可焊接，长度如图所示，A 端左右两边各 5 根线（即：1～5、11～15）分别依次剪成均匀递减（参照图中所标长度）的形状。再按图将排线中的所有线段分开至两条水平虚线处，并将 15 根线的两头剥去线皮约 2～3 mm，然后把每个线头的多股线芯绞合后镀锡（不能有毛刺）。

（4）焊接十字插头线 CT2，注意：十字插头有白色标记的线焊在有×标记的焊盘上。

（5）焊接开关 K2 旁边的短接线 J9。

3. 整机装配工艺

1）装接电池夹正极片和负极弹簧

（1）正极片凸面向下如图 8.5(a)所示。将 J1、J2、J3、J4、J5 五根导线分别焊在正极片凹面焊接点上（正极片焊点应先镀锡）。

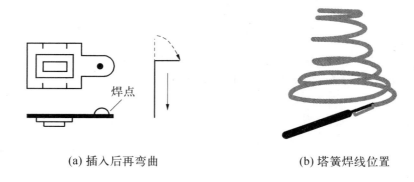

(a) 插入后再弯曲　　　　　　　　　　(b) 塔簧焊线位置

图 8.5　电池极片焊接示意图

（2）安装负极弹簧（即塔簧），在距塔簧第一圈起始点 5 mm 处镀锡，如图 8.5(b)所示。分别将 J6、J7、J8 三根导线与塔簧焊接。

2）电源线连接

把电源线 CT1 焊接至变压器交流 220 V 输入端。

3）焊接 A 板与 B 板以及变压器的所有连线

（1）变压器副边引出线焊至 A 板 B-1、B-2。

（2）B 板与 A 板用 15 根排线对号按顺序焊接。

4）焊接印刷板 B 与电池极片间的连线

按图 8.6 所示，将 J1、J2、J3、J6、J7、J8 分别焊接在 B 板的相应点上。

5）装入机壳

上述安装完成后，检查安装的正确性和可靠性，然后按下述步骤装入机壳，整机装配完成,外形如图 8.7 所示。

(1) 将焊好的正极片先插入机壳的正极片插槽内,然后将其弯曲 90°,如图 8.5(a),为防止电池片在使用中掉出,应注意焊线牢固,最好一次性插入机壳。

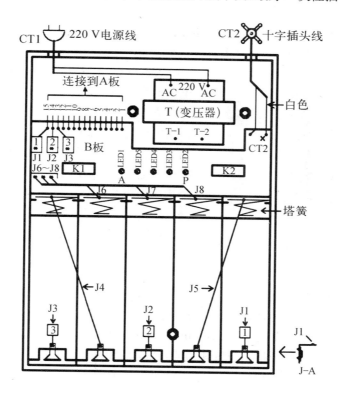

图 8.6 充电器装配图

(2) 接装配图 8.6 所示位置将塔簧插入槽内,焊点在上面。在插左右两个塔簧前应先将 J4、J5 两根线焊接在塔簧上后再插入相应的槽内。

(3) 将变压器副边引出线向上,放入机壳的固定槽内。

(4) 用 M2.5 自攻螺丝固定 B 板两端。

8.1.5 检测与调试

1. 目视检验

总装完毕,按原理图及工艺要求检查整机安装情况,着重检查电源线、变压器连线、输出连线及 A 和 B 两块印制板的连线是否正确、可靠,连线与印制板相邻导线及焊点有无短路及其他缺陷。

2. 通电检测

（1）电压可调：在十字头输出端测输出电压（注意电压表极性），所测电压值应与面板指示相对应。拨动开关 K1，输出电压相应变化（与面板标称值误差在 ±10% 为正常），并记录结果。

（2）极性转换：按面板所示开关 K2 位置，检查电源输出电压极性能否转换，应与面板所示位置相吻合。

图 8.7 充电器外形图

（3）负载能力：用一个 47 Ω/2 W 以上的电位器作为负载，接到直流电压输出端，串接万用表置于 DC 500 mA 挡。调节电位器使输出电流为额定值 150 mA；用连接线替下万用表，测此时输出电压（注意换成电压挡！）。将所测电压与（1）中所测值比较，各挡电压下降均应小于 0.3 V。

（4）过载保护：将万用表置于 DC 500 mA 串入电源负载回路，逐渐减小电位器阻值，面板指示灯（即原理图中 LED1）应逐渐变亮，电流逐渐增大到一定数（<500 mA）后不再增大（保护电路起作用）。当增大阻值后指示灯熄灭，恢复正常供电。注意：过载时间不可过长，以免烧坏稳压电路和电位器。

（5）充电检测：用万用表 DC100 mA（或 500 mA）挡作为充电负载代替电池，LED3～LED5 应按面板指示位置相应点亮，电流值应为 60 mA（误差为 ±10%），注意表笔不可接反，也不得接错位置，否则没有电流。

8.2　数字万用表的装调

8.2.1　实习目的

通过对 DT-832 数字万用表的安装、焊接、调试，了解电子产品的装配过程，训练学生的动手能力，掌握元器件的识别与测量，进一步熟悉万用表测量电路的工作原理。

8.2.2　数字万用表性能指标

（1）直流电压量程：200 mV；2 V；20 V；200 V；1000 V　精度：±（1%＋2 字）

（2）交流电压量程：200 V；750 V　精度：±（1.3%＋10 字）

（3）直流电流量程：200 μA；2 mA；20 mA；200 mA；10 A　精度：±（2%＋2 字）

（4）交流电流量程：200 mA　精度：±（1.5%＋15 字）

　　　　　　　　　20A　精度：±（2.5%＋35 字）

（5）电阻量程：200 Ω；2 kΩ；20 kΩ；200 kΩ；2 MΩ　精度：±（1%＋2 字）

8.2.3　数字万用表工作原理

1. 数字万用表组成框图

数字万用表原理方框图如图 8.8 所示，主要有功能转换电路、信号处理电路、A/D 转换电路和 LCD 液晶显示等组成。

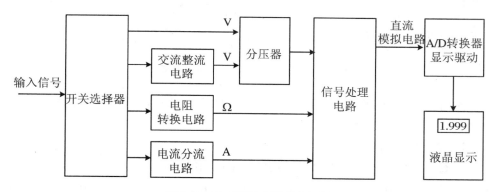

图 8.8　数字万用表原理方框图

2. 数字万用表电路原理

数字万用表电路原理如图 8.9 所示，由 ICL7106 组成 A/D 转换电路，并驱动 LCD 液晶屏显示测量参数。直流电压测量电路设置 200 mV、2 V、20 V、200 V、1000 V 五挡，各挡由量程转换开关进行控制；直流电流测量电路设置 200 μA、2 mA、20 mA、200 mA、10 A 五挡，由取样电阻实现 I/V 转换，通过 ICL7106 测量显示；交流电压的测量，通过二极管整流后由电阻分压取样进行测量显示；电阻测量采取比例法测量，将待测电阻上的电压和标准电阻上的电压进行比较测量出电压，从而显示出电阻值。

3. ICL7106 的典型应用

本表可完成直流电压、直流电流、交流电压、电阻、晶体管 h_{FE} 等测量项目，测量电路由标准电阻 $R_1 \sim R_6$ 组成分压式衰减器，依靠功能转换开关将基本量程

200mV 扩展为 2 V、20 V、200 V、1000 V 等 5 个量程。因为 7106 的输入阻抗在 10^9 以上，所以电压挡总输入阻抗为 10 MΩ。

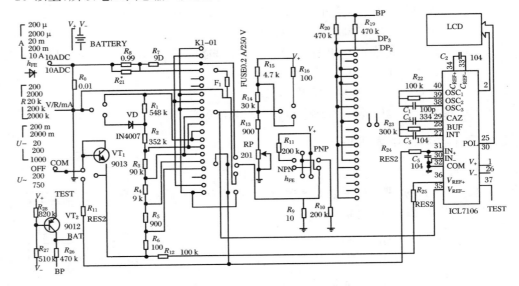

图 8.9　DT-832 数字万用表电路原理图

使用前，功能转换开关置于"DCV"挡的相应量程，输入电压由测量插孔"V/Ω"和"COM"接入，输入电压在上形成的电压送入直流电压表测量。

1）直流电压测量电路

直流电压测量电路如图 8.10 所示，采用被测电压在分压电阻 R_1（548 kΩ）+ R_2（352 kΩ）= 900 kΩ、R_3 = 90 kΩ、R_4 = 9 kΩ、R_5 = 900 Ω、R_6 = 100 Ω 上产生压降，通过 7106 组件实现电压测量。

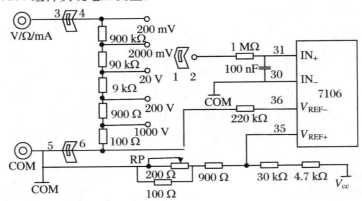

图 8.10　直流电压测量电路

2）交流电压测量电路

交流电压测量电路如图 8.11 所示，由标准电阻 $R_6 = 100\ \Omega$、$R_5 = 900\ \Omega$ 组成分压式衰减器，依靠功能选择开关将本挡分为 200 V、750 V 等量程衰减后的交流信号经 1N4007 和电容组成的半波整流电路，整流输出的直流电压，送入 7106 组件进行电压测量。使用时，将功能选择开关"ACV"挡的相应量程上，输入电压由测量插孔"V/Ω"和"COM"接入。

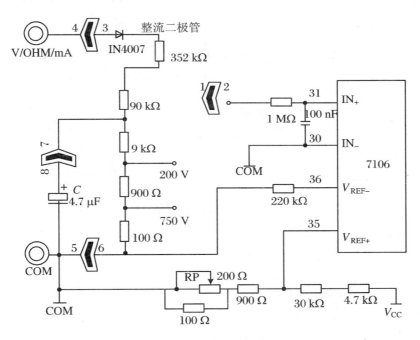

图 8.11 交流电压测量电路

3）电阻测量电路

电阻挡测量电路如图 8.12 所示，利用基准电阻 R_1（548 kΩ）+ R_2（352 kΩ）= 900 kΩ、$R_3 = 90$ kΩ、$R_4 = 9$ kΩ、$R_5 = 900\ \Omega$、$R_6 = 100\ \Omega$，依靠功能转换开关，采取比例法实行电阻测量，由于标准电阻 R 与被测电阻 R_x 串接，电路中流过的电流相同，经稳压后通过基准电阻输入到组件 7106 作为输入电压。由 $(R_x/R) = U_{R_x}/U_R$ 形成电阻电压转换。使用时，将功能转换开关置于 200、2k、20k、200k、2M 等相应量程上，由测量插孔"V/Ω"和"COM"接入被测电阻。

4）电流测量电路

电流测量电路如图 8.13 所示。使用时置量程转换开关"DCA"挡的相应量程上，当电流量程分别是 200 μA、2000 μA、20 mA 或 200 mA 时，应将测量插孔"mA"

和"COM"串联接入被测电路中,如果使用 10 A 大电流量程,置功能转换开关"DCA"挡的 10 A 量程上,将测量插孔"10 A"和"COM"串联接入。

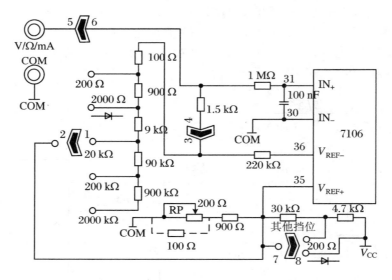

图 8.12 电阻测量电路

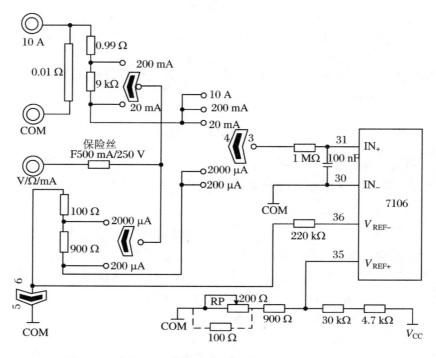

图 8.13 电流测量电路

5) 晶体管 $h_{\mathrm{FE}}(\beta)$ 的测量

根据晶体管类型(NPN 或 PNP),将被测三极管插入测试管座,如图 8.14 所示。由于基极偏流电阻 220 kΩ 为定值,晶体管共射电流放大系数 $\beta = I_{\mathrm{c}}/I_{\mathrm{b}}$,$I_{\mathrm{e}} = I_{\mathrm{b}} + I_{\mathrm{c}} = I_{\mathrm{c}}$。在共射极上串联的电阻 R 流过的电流 I_{e},转换为射极电压 U_{e},通过组件 7106 测量,即可测量出三极管的 β 值。

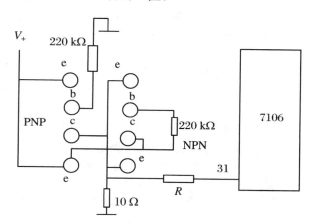

图 8.14　晶体管 h_{FE} 测量电路

8.2.4　制作步骤及工艺要求

1. 元器件及检测

1) 元器件

ICL7106 芯片 1 块;

DT-832 线路板(万用表主板)1 块;

液晶片、导电胶条、液晶架 1 套;

涤纶电容 0.1 μF 3 只,0.3 μF 1 只,瓷片电容 100 pF 1 只,电解电容 4.7 μF 1 只;

电位器 RP-200 Ω 1 只;

表笔插孔 3 个,康铜丝 1 段;

功能面板 1 个;

八角管座 1 只;

长螺丝 2 只,短螺丝 3 只;

电池夹片 1 副;

保险丝管座 1 副,保险丝管 1 个;

旋钮 1 个,V 形片 6 片;

弹簧 2 只;

钢珠 2 个；

表笔 1 副；

电池 1 块；

二极管 1N4007 1 只，三极管 9013、9012 各 1 只。

2）元器件识别

万用表所有元器件外形如图 8.15 所示。

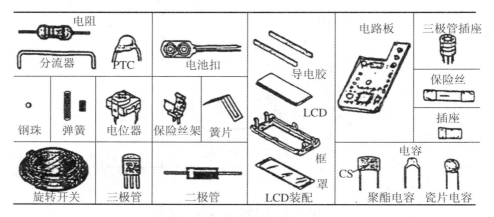

				电路板	三极管插座
电阻	PTC	电池扣	导电胶		
分流器					保险丝
钢珠	弹簧 电位器	保险丝架 簧片	LCD		插座
旋转开关	三极管	二极管	LCD装配 框罩	CS 电容	聚酯电容 瓷片电容

图 8.15　万用表所有器件外形

2. 整机装配

1）DT-832 万用表的 PCB 板及装配顺序

万用表的 PCB 板如图 8.16 所示，安装时注意保护"功能量程转换开关电路"部分不能受损，特别是不能滴上焊锡。

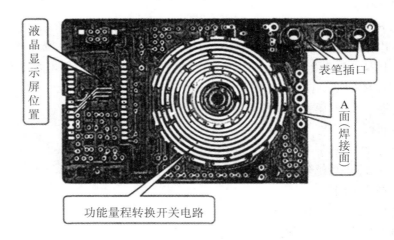

液晶显示屏位置

表笔插口

A 面（焊接面）

功能量程转换开关电路

图 8.16　DT-832 万用表电路板图

电路的装配顺序如图 8.17 所示。

2）液晶屏的安装

将液晶屏放入前壳窗口内，白面向上，方向标记在右方，放入液晶屏支架，平面向下，用镊子把导电胶条放入支架横槽中，注意保持导电胶条的清洁，如图 8.18 所示。

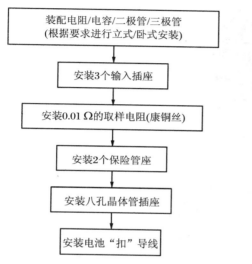

图 8.17　万用表电路板装配顺序

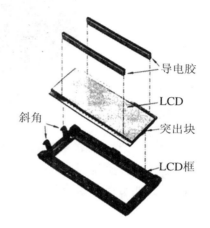

图 8.18　液晶屏的安装

3）功能旋钮的安装

V 形簧片装到旋钮上，共 6 个，簧片易变形，安装时用力要轻。在拨盘最外两挡装定位槽宽的簧片，中间 4 片装定位槽窄的簧片，如图 8.19 所示。

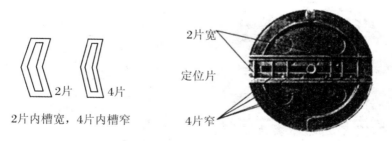

图 8.19　V 形簧片的安装

装完簧片把旋钮翻到反面，将两个小弹簧蘸少许凡士林放入两圆孔，再把小钢珠放在表壳合适的位置上，将装好弹簧的旋钮按正确方向放入前壳，如图 8.20 所示。

钢珠

钢珠和弹簧蘸少量凡士林
(或牛油)装入孔内

弹簧

弹簧孔　钢珠

弹簧

图 8.20　钢珠和弹簧的安装

4）整机安装

DT-832 万用表整机安装的装配示意如图 8.21（a）所示，装配流程如图
8.21(b)所示。按照流程将数字万用表进行组装，组装过程中特别注意簧片和钢珠
的装配，小心弹出伤人和丢失。

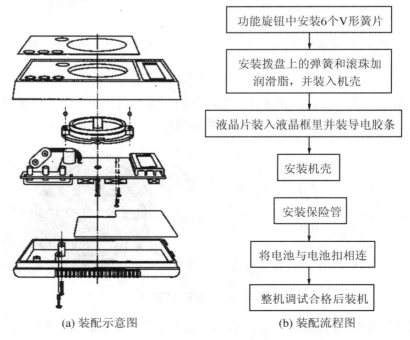

功能旋钮中安装6个V形簧片

安装拨盘上的弹簧和滚珠加
润滑脂，并装入机壳

液晶片装入液晶框里并装导电胶条

安装机壳

安装保险管

将电池与电池扣相连

整机调试合格后装机

(a) 装配示意图　　　　　　　(b) 装配流程图

图 8.21　整机安装的装配流程及示意图

8.2.5 检测与调试

本表的装调过程比较简单,先将全部元件焊接在印制电路板(万用表主板)上,然后把挡位开关上的滑动簧片装上,并把挡位开关固定在前盖上,再将印制电路板(万用表主板)通过导电橡胶条与液晶屏压接,上好螺丝,装配即完成。

1. 整机检测

1)直流电压测试

如果有直流可变电压源,只要将电源分别设置在 DC V 量程各挡的中值,然后对比被测表与监测表,测量各挡中值的误差。如果没有可变电源,可以采取以下两种测量方法:

(1)将拨盘转到 2000 mV 量程,测量示意图 8.22(a)中 100 Ω 电阻两端的电压,监测表对比读数,此电压约为 820 mV;

(2)将拨盘转到 200 mV 量程,测量示意图 8.22(b)中 100 Ω 电阻两端的电压,与监测表对比读数,此电压约为 90 mV。

如果上面的测量有问题,检查电路板上各电阻和电容的焊接和元件参数。

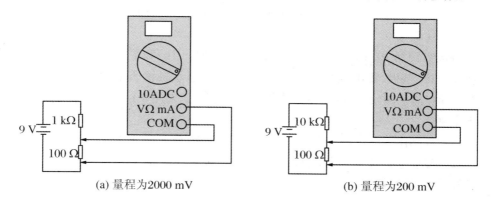

(a) 量程为2000 mV   (b) 量程为200 mV

图 8.22 直流电压挡测试

2)交流电压测试

交流电压测试,需要交流电压源,市电是最方便的。用市电 AC 220 V 作电压源要特别小心,在表笔连接 AC 220 V 前要将拨盘转到 AC 750 V 挡位。

拨盘转到 AC 750 V 量程,然后测量市电 AC 220 V,与监测表对比读数。

如果测量读数有问题,应检查以下事项:

(1)检查电阻 R_1、R_2 的数值和焊接情况。

(2)检查二极管的安装方向及焊接情况是否正常。

3) 直流电流测量

将拨盘转到 200 μA 挡位,然后按图 8.23 连接仪表,当 R_A 等于 100 kΩ 时回路电流约为 90 μA,对比被测表与监测表的读数。

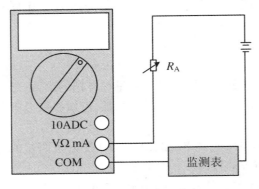

图 8.23 直流电流挡

如果测量的读数有问题,应检查以下事项:

(1) 检查保险管。

(2) 检查电阻 $R_0 = 0.01$ Ω、$R_8 = 0.99$ Ω、$R_7 = 9$ Ω、$R_5 = 900$ Ω、$R_6 = 100$ Ω 的数值和元件焊接质量。

4) 电阻、二极管测试

用每个电阻挡满量程一半数值的电阻测试该挡,对比安装表与监测表各自测量同一个电阻的值。用一个好的硅二极管(如 1N4007)测试二极管挡,读数应为正向电压 450 ~ 750 mV 左右。如果测量的读数有问题,应检查各电阻的数值和焊接是否正确。

5) h_{FE} 测试

将拨盘转到 h_{FE} 挡位,用一个小功率 NPN(如 9014)和 PNP(如 9015)晶体管,并将发射极、基极、集电极分别插入相应的插孔,显示被测表晶体管的 h_{FE} 值。晶体管的 h_{FE} 值范围较宽,可以参考监测表显示值。如果测量的读数有问题,应检查以下事项:

(1) 查晶体管测试座是否完好,焊接是否正常,是否短路、虚焊、漏焊等。

(2) 检查电阻及 R_{10}、R_{11}、R_9 的数值及焊接是否正确。

2. 万用表的校准与调试

1) 基准电压的校准

用 4 位半型数字电压表的 DC 200 mV 挡作为基准表,测量 R_{13} 与 RP 串联电阻上的电压,调整 RP 使其为 100 mV。

2) A/D 转换器校准

将被测仪表的拨盘开关转到 20 V 挡位,插好表笔。用另一块已校准仪表做监测表,监测一个小于 20 V 的直流电源(例如 9 V 电池),然后用该电源校准装配好的仪表,调整电位器 RP 直到被校准表与监测表的读数相同(注意不能用被校准表测量自身的电池)。当两个仪表读数一致时,完成了安装表的电压挡校准。

3) 直流 10 A 挡校准

直流 10 A 挡校准需要一个负载能力大约为 5 A、电压 5 V 左右的直流标准源

和一个 10 Ω/25 W 的电阻。将被校准表的拨盘转到"10 A"位置,表笔连接如图
8.24所示。如果仪表显示高于 5 A,焊接康铜丝使康铜丝电阻在 10 A 输入端和 COM
输入端之间的长度缩短,直到仪表显示 5 A;如果仪表显示小于 5 A,焊接康铜丝使康铜丝电阻在 10 A 输入端和 COM 输入端之间的长度加长,直到仪表显示 5 A。

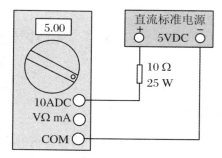

图 8.24　直流 10 A 挡校准

4）万用表的调试

调试时可配合一台标准表和 1.5 V 电池进行。将本表置于 DC 2 V 挡位,与标准表一起测量 1.5 V 电池的电压,调节校准可调电阻 RP,使本表显示的结果与标准表相同即可。或用一台直流稳压电源进行,将本表置于 DC 20 V 挡输入标准表已经测量的 DC 100 mV 的直流电压,调节 RP 使被校表显示器的显示值在 99.9～100.1 mV 即可。

3. DT-832 型数字万用表性能好坏的判断

DT-832 具有近 4 MΩ 的输入阻抗,环境噪声及各种干扰源在输入端感应的电平足以驱动仪表显示,利用这一点,我们可以方便地判断仪表的好坏。

一般说直流挡正常,表的其他挡也基本正常,故可通过 DC V 挡快速判断表的一般性能。方法是将表的量程置于电压测量的最小挡,不接测量端,接通电源,这时仪表的末几位数应有不规则的跳动,时增时减。把量程由小到大转换,仪表的跳动位数应逐渐减少,在最大量程挡基本上不再跳动。用表笔短接输入端,数字显示应均为零。

如果输入端接上测试端,在小量程测量挡时,仪表很快进入过载状态显示"1",这是正常的。但一经短接应很快回到零,否则说明表本身有故障需要检查、维修。

由于使用不当或焊接质量、组装等方面的原因,仪表显示不正常。拿到有故障的表,首先应检查 9 V 电压和 ICL7106 的 35、36 脚之间的 100 mV 基准电压是否正常;其次要检查关键的测试点,快速判断故障出现的部位。把 ICL7106 的输入端引脚作为判断故障部位的测试点,因为该点电压在满量程测量时为 200 mV,表头显示 1.999。还可以直接在直流 2 V 挡加 2 V 直流电压,测量 ICL7106 引脚上的电压,如果这点的电压为 200 mV,而表头不显示 1.999,说明这点之前的直流挡正常,故障在 7106 和液晶单元上,否则问题出在该点之前。更简单的办法是直接在 ICL7106 的引脚上用手感应一下,如果数字跳动,可粗略估计 ICL7106 之后的电路正常,问题出在前面,检查时应从仪表的 DC 2 V 基本挡位开始,这部分最易出现的问题是弹簧片接触不良或分压器开路。

8.3　超外差中波收音机的装调

8.3.1　实习目的

通过对一只正规产品收音机的安装、焊接、调试,了解电子产品的装配全过程,进一步训练动手能力,掌握元器件的识别,简易电路测试及整机调试工艺。

8.3.2　中波收音机性能指标

(1) 频率范围:525~1605 kHz

(2) 中频频率:465 kHz

(3) 灵敏度:≤2 mV/m　S/N　20 dB

(4) 扬声器:φ57 mm　8 Ω

(5) 输出功率:50 mW

(6) 电源:3 V(2 节 5 号电池)

8.3.3　超外差收音机工作原理

1. 收音机组成框图

超外差收音机组成及各部分的信号变换波形如图 8.25 所示。输入电路接收的信号与本振信号进行混频得到中频信号,其包络线形状不变,经过检波级解调得到低频包络信号,即音频信号,进行低放和功放,通过扬声器还原出声音和音乐。

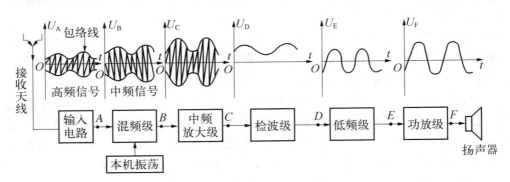

图 8.25　超外差收音机框图

2. 电路工作原理

电路原理图如图 8.26 所示,空中的广播信号聚集在磁棒中,由 B_1 及 C_1 组成的天线调谐回路(选频回路),选出所需的电信号 f_1 进入 V_1(9018H)三极管基极;本振信号调谐在高出 f_1 频率一个中频的 $f_2(f_1 + 465\ \mathrm{kHz})$ 上,例如:$f_1 = 700\ \mathrm{kHz}$ 则 $f_2 = (700 + 465)\ \mathrm{kHz} = 1165\ \mathrm{kHz}$ 进入 V_1 发射极,由 V_1 三极管进行变频,通过 B_3 选取出差频 465 kHz 信号,经 V_2 和 V_3 二级中频放大,进入 V_4 检波管,检出音频信号后经 V_5(9014)低频放大和由 V_6、V_7 组成功率放大器进行功率放大,推动扬声器发声。图中 D_1、D_2(IN4148)组成(1.3 ± 0.1) V 稳压,稳定变频、一中放、二中放、低放的基极电压,稳定各级工作电流,以保持灵敏度。由 V_4(9018)三极管 PN 结用作检波。R_1、R_4、R_6、R_{10} 分别为 V_1、V_2、V_3、V_5 的工作点调整电阻,R_{11} 为 V_6、V_7 功放级的工作点调整电阻,R_8 为中放的 AGC 电阻,B_3、B_4、B_5 为中周(内置谐振电容),既是放大器的交流负载又是中频选频器,该机的灵敏度、选择性等指标靠中频放大器保证。B_6、B_7 为音频变压器,起交流负载及阻抗匹配的作用。

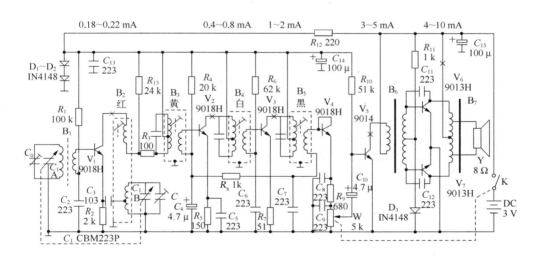

图 8.26 七管超外差收音机电路原理图

8.3.4 制作步骤及工艺要求

1. 电子产品安装流程

电子产品的安装流程如图 8.27 所示。首先是将元件安装在电路板上并进行焊接,然后根据工艺要求进行整机安装,通电检测,在电流符合要求的情况下,进行试听、调整,基本满意后提交验收。

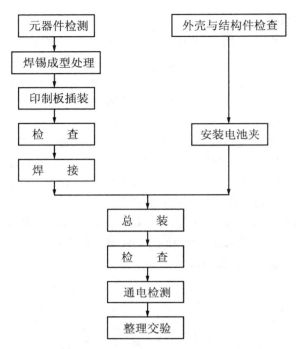

图 8.27　电子产品安装流程图

2. 元器件检测

根据元器件的性质,通过万用表检测其性能,如表 8.3 所示。检测中特别注意中周和变压器元件,因绕组间直流不导通,电阻应为无穷大,绕组与外壳之间不能有漏电现象。

表 8.3　收音机元器件检测

类　别	测　量　内　容	万用表量程
电阻 R	电阻值	×10、×100、×1 k
电容 C	电容绝缘电阻	×10 k
三极管 h_{FE}	晶体管放大倍数 9018H(97~146) 9014C(200~600)、9013H(144~202)	h_{FE}
二极管	正、反向电阻	×1 k
中周	红 4 Ω / 0.3 Ω 0.4 Ω　黄 2 Ω / 4 Ω 0.3 Ω 白 1.8 Ω / 3.8 Ω 0.4 Ω　黑 2 Ω / 4.5 Ω 1 Ω 初次级为无穷大	×1

续表

类　别	测　量　内　容	万用表量程
输入变压器 （蓝色）	90 Ω 90 Ω　　220 Ω	×1
输入变压器 （红色）	90 Ω　　0.4 Ω 　　　　1 Ω　自耦变压器 90 Ω　　0.4 Ω　无初次级	×1

3. 元件的安装与焊接

1）元器件准备

将所有元器件引脚上的漆膜、氧化膜清除干净,然后进行镀锡(如元件引脚未氧化则省去此项),根据要求,将电阻、二极管等元件脚成型如图 8.28 所示。

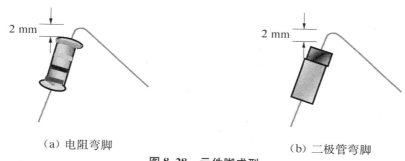

（a）电阻弯脚　　　　　　　　（b）二极管弯脚

图 8.28　元件脚成型

2）组合件准备

（1）将电位器拔盘装在 K4-5 kΩ 电位器上,用 M1.7×4 螺钉固定。

（2）将磁棒按图 8.29 所示套入天线线圈及磁棒支架。

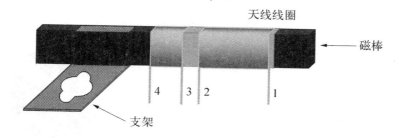

图 8.29　磁棒安装方法

3）插件焊接

（1）按照装配图正确插入元件,其高低、卧式、立式、极性应符合图纸规定,根据元件外形正确识别元件引脚,如图 8.30 所示晶体管的引脚。

（2）焊点要光滑,大小不要超出焊盘,不能有虚焊、搭焊、漏焊。

图 8.30　器件引脚图

（3）输入（绿、蓝色）、输出（黄色）变压器不能调换位置。

（4）红中周 B_2 插件外壳接地脚应弯脚焊牢,否则会造成卡调谐盘。

（5）中周外壳均应用锡焊牢,特别是 B_3 黄中周外壳一定要焊牢。

（6）将双联 CBM-223P 安装在印刷电路板正面,将天线组合件上的支架压在印刷电路板反面双联上,然后用 2 只 M2.5×5 螺钉固定,并将双联引脚超出电路板部分弯脚后焊牢,并剪去多余部分。

（7）天线线圈:端头 1 焊接于双联 CA-1 端;端头 2 焊接于双联中点地;端头 3 焊接于 V_1 基极（b）;端头 4 焊接于 R_1、C_2 公共点。

4. 整机装配工艺

（1）将负极弹簧、正极片安装在塑壳上,焊好连接点及黑色、红色电源线。

（2）将周率板反面双面胶保护纸去掉,然后贴于前框,注意要贴装到位,并撕去周率板正面保护膜。

（3）将 YD57 喇叭安装于前框,用一字小螺丝起将其导入带钩压脚,再用烙热铆三只固定脚,如图 8.31（a）所示。

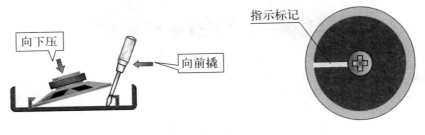

（a）喇叭安装　　　　　　　　　　（b）调谐盘安装

图 8.31　喇叭及调谐盘安装示意图

（4）将拎带套在前框内。

（5）将调谐盘装在双联轴上，并用 M2.5×4 螺钉固定，注意调谐盘指示方向，如图 8.31（b）所示。

（6）按图纸要求分别将二根白色或黄色导线焊接在喇叭与线路板上。

（7）按图纸要求将正极（红）、负极（黑）电源线分别焊在线路板的指定位置。

（8）将组装完毕的机芯（印刷板）按照图 8.32 所示装入前框，一定要注意定位槽到位。

（9）装上两节 5 号电池，合上后盖，整机组装完成。

机芯（印刷板）安装方向

图 8.32 机芯组装示意图

8.3.5 检测与调试

一台刚安装好的收音机，即使元件完好，接线无差错，还不一定能正常工作，通常应进行静态工作点调整、中频调整以及频率跟踪调整等步骤。

1. 调试原理

变频级包含输入谐振回路和本机振荡回路，输入谐振回路调谐于被接收信号的载频 f_c 上，本机振荡回路调谐在比 f_c 高出 465 kHz 的频率 f_L 上，保证变频后输出为中频（465 kHz）信号，如图 8.33 所示。但是，这两个谐振回路的波段覆盖系数 k 不相等，在 535～1605 kHz 中波段，它们分别为：

$$k_c = \frac{f_{cmax}}{f_{cmin}} = \frac{1605 \text{ kHz}}{535 \text{ kHz}} = 3$$

$$k_L = \frac{f_{Lmax}}{f_{Lmin}} = \frac{(1605 + 465) \text{ kHz}}{(535 + 465) \text{ kHz}} = 2$$

为了使双连电容器在 $0°\sim180°$ 的转动角范围内，同时满足两个回路的波段覆盖，通常

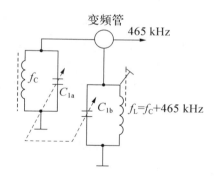

图 8.33 变频原理示意图

采用三点统调方法。在本振回路中串联一个固定电容 C_4（常取 300 pF），俗称垫整电容；又并联一个可变电容 C_2（常取 5～30 pF 的微调电容），俗称补偿电容，如图 8.34（c）所示。因为在未接入 C_4 和 C_2 时，在双连电容器转角从 $0°$ 旋到 $180°$ 范围内，只有一点满足 $f_L = f_c + 465$ kHz，其余各点都不满足 $f_L = f_c + 465$ kHz，也就是

说只有低频端一点跟踪。如果本机振荡回路中并联一个电容 C_2,如图 8.34(a),当双连全部旋进,C_{1b} 电容量最大,而电容器 C_2 容量较小,因此对谐振回路影响不大;当双连全部旋出(即 C_{1b} 容量最小仅 10 pF 左右时),并联电容 C_2 对谐振回路的作用很大,它使谐振回路的高端谐振频率明显降低,于是如图 8.34(a)所示,对高端进行补偿,实现 a、b 两点跟踪。

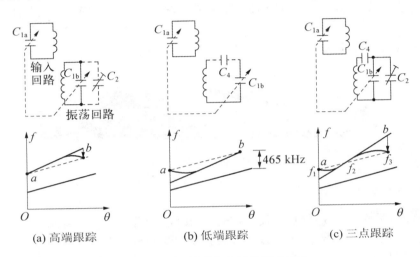

图 8.34　串、并联电容后的跟踪曲线

在本机振荡回路中串联一个大电容器 C_4,当双连全部旋出(C_{1b} 容量最小),串联电容 $C_4(\gg C_{1b})$ 对回路的影响不大;当双连全部旋进(C_{1b} 容量最大),C_4 将使回路的低端谐振频率明显升高,这里也有两个跟踪点,如图 8.34(b)所示,实现了低端跟踪。如果回路原先在中心频率(指双连旋转 90° 角点上)满足统调,再串联上垫整电容 C_4 和并联上补偿电容 C_2,如图 8.34(c)所示,使调谐曲线的高频端和低频端都满足统调,实现了三点跟踪。曲线表明,三点统调的跟踪曲线呈 s 形,它与输入调谐回路谐振曲线之间并不处处相差 465 kHz,但由于选台时起主要作用的是本振回路,当它正确调谐在 $f_L = (f_c + 465\ \text{kHz})$ 时,即使输入回路稍有失谐,由于通频带较宽,高频 f_c 信号仍能通过,只要 f_L 和 f_c 的差频维持为 465 kHz,整机的灵敏度和选择性所受影响就不大。在中波波段上,三个跟踪点定为 600 kHz、1000 kHz 和 1500 kHz。

2. 调整静态工作点

先将本振回路短路(用导线将 B_2 的初级短路)。在无信号情况下,按表 8.4 中要求调整各级集电极电流。

表 8.4　收音机各级电流值

晶体管	T_1	T_2	T_3	T_4	T_5、T_6
集电极电流/mA	0.2	0.6	1.2	1.8	3.0

变频级包括本机振荡和混频两方面的作用,混频要求管子工作在输入特性非线性区域,工作电流宜小,而振荡则要求工作电流大些,为了兼顾二者,一般取 I_{C1} 在(0.18~0.22) mA 范围内。中放有两级,前级加有自动增益控制,要求晶体管工作在增益变化剧烈的非线性区域,I_{C2} 一般取(0.4~0.8) mA 范围,后级以提高功率增益为主,I_{C3} 取(1.0~2.0) mA 范围。低放、功放电路主要完成放大作用,所以工作电流取得较大,如表 8.4 所示。

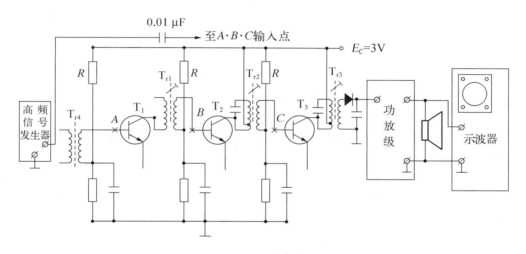

图 8.35　调中周电路

3. 调整中频(俗称调中周)

调整的目的是将 T_{r1}、T_{r2}、T_{r3} 谐振回路都准确地调谐在规定的中频 465 kHz 上,尽可能提高中放增益。具体调试方法如下:

先将双连动片全部旋入,并将本振回路中 B_2 的初级线圈短接,使它停振,再将音量控制电位器 W 旋在最大位置,然后调节信号发生器,输出一个 f_0 = 465kHz 标准的中频调幅信号(调制频率为 400 Hz,调幅度为 30%),仪器连接如图 8.35 所示。

将信号发生器输出接至 C 点,调节载波旋钮使输出电压为 2 mV,调节 T_{r3} 中周磁芯使收音机输出最大;然后,调节信号发生器输出电压为 200 μV,并将它从 B 点输入,调节中周 T_{r2} 的磁芯直至收音机输出最大;最后,调节信号发生器输出电压为 30 μV,并换至 A 点输入,调节中周 T_{r1} 的磁芯直至收音机输出最大为止,如此反复进行 2~3 次。

4. 调整频率覆盖(即校对刻度)

仪器连接如图 8.36 所示,调节过程中,扬声器用负载 R_L 代替,输出电压用示波器作指示。

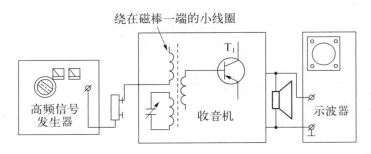

绕在磁棒一端的小线圈

图 8.36 统调仪器连接电路

(1) 调整低频端。

将双连电容器全部旋进,音量电位器 W 仍保持最大。调节信号发生器,使输出频率为 525 kHz(调制频率为 400 Hz,调幅度为 30%)、电压幅度为 0.2 V 的调幅波信号。调节振荡线圈磁芯使收音机输出最大。若收音机低端低于 525 kHz,振荡线圈磁芯向外旋(减少电感量);若低端高于 525 kHz,磁芯位置向里旋(增加电感量)。

(2) 调整高频端。

将信号发生器调到 1605 kHz,电压幅度和调幅度同上。把双连电容器全部旋出,调节振荡回路补偿电容 C,使收音机输出最大。若收音机高端频率高于 1605 kHz,应增大 C 容量;反之,则应减小 C 容量。实际上,高端与低端的调整过程互有牵连,因此必须由低端到高端反复调整几次,才能调整好频率覆盖。

5. 统调(即三点跟踪)

(1) 低端调整。

仪器接线不变,调节信号发生器,使输出信号载频在 600 kHz 附近,调幅度为 30%,把双连电容器旋至低频端,直至收音机清楚地收听到 400 Hz 调制信号,接着移动磁棒上天线线圈的位置,使收音机输出最大。

(2) 高端调整。

调节信号发生器,输出载频为 1500 kHz 附近的信号,把双连电容旋至高频端,使收音机清楚地收听到 400 Hz 调制信号,然后,调节输入回路微调电容 C_0 使收音机输出最大。与调整频率覆盖一样,调节高端与低端的补偿会互相牵连,必须由低端到高端反复调 2~3 次。

在以上调整中,信号发生器输出的信号幅度要适当(不能太强),以利于调节过程中便于判别收音机输出音量的峰点为准。

※ 注:业余情况下收音机的调整方法

1）调整中频频率

超外差收音机配件中提供的中频变压器(中周),出厂时都已调整在 465 kHz (一般调整范围在半圈左右),因此调整工作较简单。打开收音机电源,调节调谐旋钮在低端找一个电台,先从 B_5 开始,然后 B_4、B_3 用无感螺丝刀(可用塑料、竹条或者不锈钢制成)向前顺序调节,调节到声音最大为止,由于自动增益控制作用以及人耳对音响变化不易分辨的缘故,若收听本地电台当声音已调到很响时,往往不易调精确,这时可以改收较弱的外地电台或者转动磁性天线方向以减小输入信号,再调节中周使声音最响为止,按上述方法从后向前的次序反复细调中周磁芯 2～3 遍至最佳。

2）调整频率范围(对刻度)

（1）调低端:在 550～700 kHz 范围内选一电台,例如中央人民广播电台 640 kHz, 待调机调谐盘指针在 640 kHz 的位置,调整振荡线圈 B_2(红色)的磁芯,收到这个电台,并使声音较大。这样当双联全部旋进容量最大时的接收频率约在 525～530 kHz 附近,基本对准了低端刻度。

（2）调高端:在 1400～1600 kHz 范围内选一个已知频率的广播电台,如 1500 kHz 附近,再将调谐盘指针指在周率板刻度 1500 kHz 这个位置,调节振荡回路中双联顶部左上角的微调电容 C,使这个电台在此位置声音最响。这样,当双联全旋出容量最小时,接收频率必定在 1620～1640 kHz 附近,基本对准了高端刻度。

以上(1)、(2)两步需反复调节 2～3 次,频率刻度才能调准。

3）统调

在低端收到某一电台,调整天线线圈在磁棒上的位置,使声音最响,以达到低端统调;在高端收听到某一电台,调节天线输入回路中的微调电容 C_0 使声音最响,以达到高端统调,如图 8.37 所示。装配完成,内部结构示意图如图 8.38 所示。

图 8.37　半可变电容

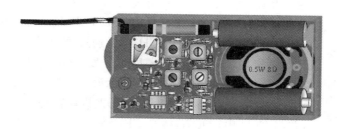

图 8.38　内部结构示意图

8.4　单片机最小系统板的装调

8.4.1　实习目的

通过制作，了解单片机最小系统板的组成结构、工作原理，为"C语言程序设计"、"单片机原理及应用"等课程的学习、课程设计、毕业设计、产品开发等奠定坚实的基础。

8.4.2　单片机最小系统板性能指标

(1) 具备51系列单片机内核的STC12C5A60S2 CPU。
(2) 提供40个输入/输出接口。
(3) 8位数码管显示单片机工作状态。
(4) 十六只按键输入数据及执行相应的命令。
(5) LCD液晶显示接口。
(6) 与PC机通信的USB接口。
(7) 蜂鸣器报警及驱动接口。

8.4.3　最小系统板工作原理

系统板中的CPU采用STC12C5A60S2单片机，兼容8051内核，是高速/低功耗的新一代8051单片机，1个时钟/机器周期，比普通单片机快6～12倍，内部有60 k的Flash和1280字节以上的RAM，8个中断源，两个16位定时器，2路PCA可再实现2个定时器，8通道10位高速ADC，2路PWM可当2路D/A使用，SPI高速同步串行通信接口，40个通用I/O接口，硬件看门狗（WDT），独立的波特率发生器，等等。最大特点是具有ISP/IAP在系统可编程/在应用可编程功能，在STC-ISP开发环境下，利用CH340T通过USB与PC机通信，将PC机上的程序下载到单片机内，不需要编程器即可开发产品，最小系统板组成结构示意图如8.39所示，系统板工作原理如图8.40所示。图中U1是核心CPU芯片，负责管理键盘、显示、蜂鸣以及与PC机通信；U2芯片管理键盘和数码管，接收16只键盘信息，并与CPU串行通信，接受CPU命令并在8位数码管上显示；U3负责CPU与PC机进行USB通信。J2/J3/J4/J5接口将CPU的40个I/O口引出，进行单片机输入/输出端口功能的扩展，J6是LCD液晶显示接口，人机交互既可以选择数码

管显示也可以选择液晶显示,J1 为 USB 接口,实现与 PC 机的通信,J7 为外接电源
接口,Q1 为驱动蜂鸣器的三极管,将 J8 引入的任意 I/O 口信号进行放大,推动蜂
鸣器播放声音。

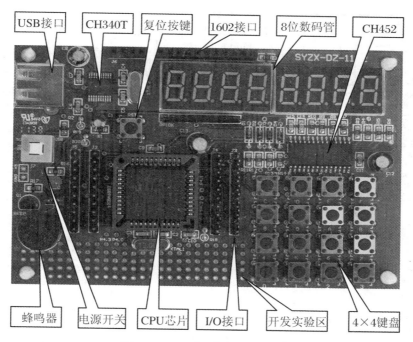

图 8.39　单片机组成结构示意图

　　单片机的开发与应用,必须要有相应的软件支持。在 Keil C51 集成开发环境
或其他环境下编写源程序,并进行编译、调试,得到完善的目标程序,然后通过 STC
公司的 STC-ISP 开发平台,将目标程序通过 USB 接口下载到最小系统板中,STC-
ISP 开发平台界面如图 8.41 所示。目标程序下载完成后的最小系统板,打开电源
或点击 K1 复位键,单片机在软件的支持下,将进行相应的数据处理或完成相应的
控制。

8.4.4　制作步骤及工艺要求

1. 元器件检测

安装前必须对全部元器件进行检测,元件检测如表 8.5 所示。

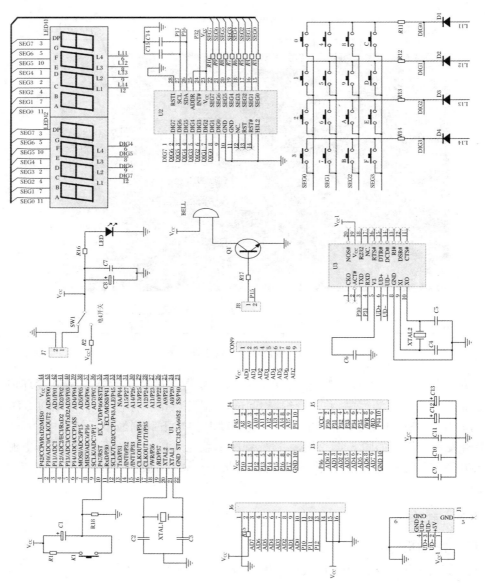

图 8.40 单片机最小系统板原理图

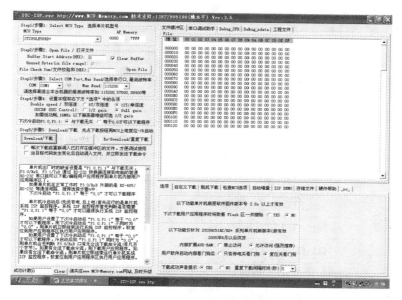

图 8.41　STC-ISP 开发环境界面

表 8.5　元件检测内容及要求

元器件名称	测 试 内 容 及 要 求
电解电容	是否漏电,极性是否正确。要求漏电流小、极性正确
发光二极管	判断极性及好坏,用万用表×10 k 欧姆挡检测或通电检测
三极管	判断极性及好坏,用万用表×1 k 欧姆挡检测
开关、按键	通断是否可靠
接插件	是否符合设计要求
数码管	检查各段是否正常,共阴极正确
集成块及插座	集成块及插座是否配套,型号是否正确
蜂鸣器	工作电压是否符合要求,发声是否正常

2. 系统板组装焊接

单片机最小系统板组装焊接的工艺流程遵循从低到高、从小到大的原则进行,板上有 33 只 SMT 元件,必须首先完成 SMT 元件的焊接,然后进行 THT 元件的焊接。SMT 元件包括所有电阻、无极性电容和 U2、U3 集成块。在 SMT 室进行人工贴片的训练,元件贴完后通过回流焊机完成 SMT 元件的回流焊接。THT 元件清单如表 8.6 所示,THT 元件焊接按以下流程进行:

表 8.6 最小系统板中 THT 元件清单

标 号	参 数
$C1$	$10\,\mu F$
$C8$	$100\,\mu F$
$C12/13$	$220\,\mu F \times 2$
CON9(排阻)	RP10 kΩ
XTAL1/XTAL2(晶振)	12 MHz
U1(单片机)	STC12C5A60S2
LED(发光二极管)	$\phi 3$
LED41/LED42(数码管)	LG3641AH 共阴
D1/D2/D3/D4(二极管)	4148×4
Q1(三极管)	9013
BEEP(蜂鸣器)	BUZZ
5V_SW	电源开关(锁)
K1、0/1/~F(按键开关)	$6*6*4.3 \times 17$
U1(CPU 插座)	plcc44
J6(LCD 座)	IDCD16
J1(USB 座)	USB_CON
J2/J3/J4/J5	10 芯插针
塑料铆钉×4	5 mm(小)
USB线	约 1 m

步骤 1：安装焊接 D1～D4 二极管，卧式安装，注意二极管的极性。

步骤 2：安装焊接 12 MHz 晶振，立式安装。

步骤 3：安装焊接 17 只按键，注意 0～F 16 只按键必须一次装完再焊接。

步骤 4：安装焊接三极管、电源开关和排阻，注意三极管的极性、电源开关的方向和排阻的标识点。

步骤 5：安装焊接 2 只四位数码管和发光二极管，数码管的安装特别要注意方向，区分发光二极管的极性。

步骤 6：安装焊接 CPU 插座，注意方向的同时必须保证插座中的 44 只脚全部穿过电路板才能进行焊接。

步骤 7：安装焊接蜂鸣器、电解电容，注意蜂鸣器和电解电容的正、负极。

步骤 8：安装焊接 USB 插座及其他接插件。

焊接完成，检查无误后，按方向插入 STC12C5A60S2 芯片。本单片机最小系统在没有接入外接电源的情况下，通过 5V_SW 开关从 PC 机的 USB 接口给单片机提供 5 V 电源。安装焊接完成后，用万用电表检查电源两端是否短路，在无短路情况下，接通电源，系统板中的 LED 电源指示灯点亮，说明单片机最小系统板基本组装完成。

8.4.5　检测与调试

1. 系统板调试

连接最小系统板与 PC 机的 USB 线，打开 PC 机电源，最小系统板电源灯点亮，八位数码管显示乱码或无显示，因为单片机内存中存在一些随机数据，处于待机状态，说明组装的最小系统板基本正常。在 PC 机中编译一段调试程序，如 dpjcs.hex 目标程序，然后进入 STC－ISP 开发平台，选择 CPU 型号，将目标程序 dpjcs.hex 装入 PC 机的缓存，点击"Download/下载"命令，由于 STC 系列单片机在冷启动情况下调用 CPU 内存中的引导程序，此时需关闭一次最小系统板的电源开关再打开，在 STC－ISP 界面下若指示下载成功，说明组装的单片机最小系统板串行通讯功能完全正常。dpjcs.c 调试源程序包含"键盘测试"、"8 位数码管循环显示"以及"报警"等功能，程序下载成功后，对最小系统板的功能进行测试：

（1）按"A"键，进入键盘测试功能。按下数字键或字符键，最右端两位数码管显示对应的数字或字符。

（2）按"B"键，进入 8 位数码管循环显示功能。

（3）按"F"键，进入报警测试功能。（停止循环显示功能、键盘测试功能或报警功能均需要按复位键。）

经过下载和程序测试都正常工作，说明单片机最小系统板功能正常，完成生产制造的实训任务。

2. 调试源程序

```
#include<reg52.h>
#include<absacc.h>
#include<intrins.h>
#define CH452_I2C_ADDR1 0x60
#define CH452_I2C_MASK 0x3E
#define CH452_GET_KEY 0x0700
#define uchar unsigned char
#define uint unsigned int
```

```
sbit P15 = P1^5;
sfr P1M1 = 0x91;
sfr P1M0 = 0x92;
#define CH452_DIG0 0x0800        //数码管位 0 显示
#define CH452_DIG1 0x0900        //数码管位 1 显示
#define CH452_DIG2 0x0a00        //数码管位 2 显示
#define CH452_DIG3 0x0b00        //数码管位 3 显示
#define CH452_DIG4 0x0c00        //数码管位 4 显示
#define CH452_DIG5 0x0d00        //数码管位 5 显示
#define CH452_DIG6 0x0e00        //数码管位 6 显示
#define CH452_DIG7 0x0f00        //数码管位 7 显示
sbit    CH452_SDA = P1^6;
sbit    CH452_SCL = P1^7;
sbit    CH452_INT = P3^2;
volatile uchar keycode;
volatile uchar M;
volatile uchar N;
volatile bit flag;
void DELAY_1US()
{
    _nop_();
}
void DELAYms(uint ms)      //1ms 函数
{
    uchar i;
    while(ms − −)
    {
        for(i = 0;i<124;i + +)
    }
}
void CH452_I2c_Start(void)
{
    EX0 = 0;
    CH452_SDA = 1;
```

```
   CH452_SCL=1;
   DELAY_1US();
   CH452_SDA=0;
   DELAY_1US();
   CH452_SCL=0;
   DELAY_1US();
}
void CH452_I2c_Stop(void)
{
   CH452_SDA=0;
   DELAY_1US();
   CH452_SCL=1;
   DELAY_1US();
   CH452_SDA=1;
   DELAY_1US();
   DELAY_1US();
   EX0=1;
}
void CH452_I2c_WrByte(unsigned char dat)
{
   uchar i;
   for(i=0;i!=8;i++)
   {
      if(dat&0x80) {CH452_SDA=1;}
      else {CH452_SDA=0;}
      DELAY_1US();
      CH452_SCL=1;
      dat<<=1;
      DELAY_1US();
      DELAY_1US();
      CH452_SCL=0;
      DELAY_1US();
   }
   CH452_SDA=1;
```

```
        DELAY_1US();
        CH452_SCL=1;
        DELAY_1US();
        DELAY_1US();
        CH452_SCL=0;
        DELAY_1US();
}
unsigned char CH452_I2c_RdByte(void)
{
    uchar dat,i;
    CH452_SDA=1;
    dat=0;
    for(i=0;i!=8;i++)
    {
        CH452_SCL=1;
        DELAY_1US();
        DELAY_1US();
        dat<<=1;
        if(CH452_SDA) dat++;
        CH452_SCL=0;
        DELAY_1US();
        DELAY_1US();
    }
    CH452_SDA=1;
    DELAY_1US();
    CH452_SCL=1;
    DELAY_1US();
    DELAY_1US();
    CH452_SCL=0;
    DELAY_1US();
    return(dat);
}
void CH452_Write(unsigned short cmd)
{
```

```
    CH452_I2c_Start();
    CH452_I2c_WrByte((uchar)(cmd>>7)&CH452_I2C_MASK|CH452_
        I2C_ADDR1);
    CH452_I2c_WrByte((uchar)cmd);
    CH452_I2c_Stop();
}
unsigned char CH452_Read(void)
{
    CH452_I2c_Start();
    CH452_I2c_WrByte((uchar)(CH452_GET_KEY>>7)&CH452_I2C_
        MASK|0x01|CH452_I2C_ADDR1);
    keycode=CH452_I2c_RdByte();
    CH452_I2c_Stop();
return(keycode);
}
void CH452_bcd(uchar ds_bcd)
{
    switch(ds_bcd)
     {
    case 0x40：M=0x00；break；
    case 0x41：M=0x01；break；
    case 0x42：M=0x02；break；
    case 0x43：M=0x03；break；
    case 0x48：M=0x04；break；
    case 0x49：M=0x05；break；
    case 0x4A：M=0x06；break；
    case 0x4B：M=0x07；break；
    case 0x50：M=0x08；break；
    case 0x51：M=0x09；break；
    case 0x52：M=0x0A；break；
    case 0x53：M=0x0B；break；
    case 0x58：M=0x0C；break；
    case 0x59：M=0x0D；break；
    case 0x5A：M=0x0E；break；
```

```
      case 0x5B: M = 0x0F; break;
      default: return;
      }
  }
  void CH452_inter() interrupt 0 using 1
  {
    EX0 = 0;
    IE0 = 0;
    flag = 1;
    CH452_Read();
  }
  main()
  {
    EA = 1;
    EX0 = 1;
    flag = 0;
  CH452_I2c_Start();
  CH452_Write(0x403);
  CH452_Write(0x580);
  CH452_Write(CH452_DIG7|1);
  CH452_Write(CH452_DIG6|2);
  CH452_Write(CH452_DIG5|3);
  CH452_Write(CH452_DIG4|4);
  CH452_Write(CH452_DIG3|5);
  CH452_Write(CH452_DIG2|6);
  CH452_Write(CH452_DIG1|7);
  CH452_Write(CH452_DIG0|8);
  while(1)
  {
    if(flag)
    {
      CH452_bcd(keycode);
      if(M = = 0x0A)
      {
```

```
        CH452_Write(0x201);
        while(1)
        {
            CH452_Read();
            CH452_bcd(keycode);
            CH452_Write(0x403);
            CH452_Write(0x580);
            CH452_Write(CH452_DIG0|M);
            CH452_Write(CH452_DIG1|N);
            DELAYms(50);
        }
    }
    else
    if(M==0x0B)
    {
        while(1)
        {
            CH452_Write(0x301);
            DELAYms(5000);
        }
    }
    else
    if(M==0x0F)
    {
        TMOD=0x01;
        TH0=(65536-500)/256;
        TL0=(65536-500)%256;
        TR0=1;
        ET0=1;
        EA=1;
        P1M1=0x00;
        P1M0=0x20;
        while(1);
    }
```

```
      }
    }
  }
void t0(void) interrupt 1 using 0
{
    uint t02s;
    TH0 = (65536 - 500)/256;
    TL0 = (65536 - 500)%256;
    t02s + + ;
    if(t02s = = 500)
    {
       t02s = 0;
       P15 = ~P15;
    }
}
```

第9章 测试技术与电子设备

9.1 电压测量技术

在电子测试技术中,与测量其他电路参数相比较,测量电压比较方便,其测量精度也比较高。而且可以用测量电压的方法来间接测量电流、功率及其他有关的电路参数,因此电压测量是电子测量中最基本的测试技术。

9.1.1 电压测量仪器的基本要求及分类

1. 电压测量仪器的基本要求

由于在电子测量中所遇到的被测量电压具有频率范围较宽、幅度差别悬殊、波形形状多等特点,所以对电压测量仪器提出以下基本要求。

1) 量程范围宽

通常,被测电压的下限在十分之几 μV 至几 mV,而上限约在几 kV 左右。随着科学技术的发展,要求测量非常微弱的电压信号越来越多,电压测量仪器就应具有非常高的灵敏度。目前,已出现灵敏度高达 1 nV 的数字电压表。

2) 测量精度高

目前,数字电压表测量直流电压的精确度可达 $\pm(0.0005\%\ U_x + 0.0001\%\ U_m)$,即可达 10^{-6} 量级,而模拟式电压表只能达到 10^{-2} 量级。交流电压的精确度随不同频率及电压数值有较大的差异。使用数字电压表,交流电压的测量精度目前也只能达到 $10^{-2} \sim 10^{-4}$ 量级。

3) 输入阻抗高

电压测量仪器的输入阻抗就是被测电路的额外负载。为了减少仪器接入时对电路的影响,要求仪器有较高的输入阻抗。

4) 抗干扰能力强

电压测量一般都在充满各种干扰的情况下进行。当测量仪器工作在高灵敏度时,干扰将会带来误差。对数字电压表来说,这个要求更为突出。

2. 电压测量仪器的分类

根据测量结果的显示方式及测量原理的不同,电压测量仪器可分为两大类:模拟式和数字式。模拟式电压表是指针式的,多用磁电式电流表作指示器,表盘上刻以电压数字;数字式电压表首先将模拟量经过模数(A/D)变换器变成数字量,然后用计数器计数,并以十进制数字显示被测电压值。

9.1.2　测量电压的基本方案

根据被测电压的大小、频率范围、波形形状及所要求的测量准确度不同,常用的有下列几种基本测量方案。

1. 模拟式电压表测量电压

磁电式直流电流表加接限流电阻构成简单的测直流电压的模拟式电压表,若要提高测量精度可在分压器与表头之间接一个直流放大器,放大被测微弱电压,并完成阻抗变换。利用调制式直流放大器做成的直流电压表,可以测量微伏级的电压,如国产的 JZW-1 型晶体管直流微伏计,最小量程为 $10\,\mu\text{V}$。测量交流电压的,先将交流电压变换成直流电压去驱动直流表偏转,根据被测电压的大小与直流电流的关系在表盘上直接标以电压刻度,把交流电压转换成直流电流的变换器称为检波器,检波器是交流电压表的关键部分。在模拟式电压表中,根据电路的不同,大致可分为下列三种类型。

1) 检波-放大式

检波-放大式电压表,先将被测交流电压经检波变成直流,然后用直流放大器放大,再利用放大后的直流电流去驱动电流表指针偏转。这种电压表的特点是测量电压的频率范围由检波器的频响(一般为 20 Hz 到数百 MHz)决定,通常高频电压表或超高频电压表都是这种类型。目前由于采用调制式直流放大器,可把检波-放大式电压表的灵敏度提高到 mV 级,进一步提高灵敏度将受到检波器中非线性器件的限制。

2) 放大-检波式

放大-检波式电压表,先将被测电压用宽频带放大器放大,然后再进行检波。一般所谓"宽频毫伏表"基本上属于这种类型,如实验室常用的晶体管毫伏表 DA-16。这类电压表的频率范围受宽带放大器带宽的限制,灵敏度受放大器内部噪声的限制,一般可做到 mV 级,典型的频率范围为 20 Hz～10 MHz。

由上面的讨论可知,不管哪一种测量交流电压的方案,检波器是核心。一个交流电压的大小可用它的峰值、平均值或有效值表征。为了对电流表头刻度,必须首先知道检波器的输出直流 I_o 与被测电压 u 的关系,即电流表的刻度特征 $I_o =$

$f(u)$。电流表的刻度特征与检波器对交流电压的响应密切相关,根据上述交流电压的表征方法,检波器有峰值检波器、平均值检波器和有效值检波器三种。

平均值检波器是使检波器的输出电流 I。与交流电压的平均值成比例。由于正弦波的应用具有普遍性,同时考虑到有效值的实际意义,一般交流电压表的刻度都按正弦电压有效值刻度。所以只有测量正弦电压,从电压表上读得的有效值才是正确的。测量电压时,必须考虑交流电压表的误差:其一,当测量失真的正弦电压时如何估计测量误差;其二,当测量非正弦波电压时,如方波、三角波电压等,如何对读数进行换算,有关这方面的内容可以参阅电子测量的有关资料。

峰值检波器就是使检波器的输出电流 I。与交流电压的峰值成比例。电流表的刻度特性为 $I_。= f(u_m)$,u_m 为交流电压的峰值,表头的刻度也是用正弦波有效值。当测量非正弦波电压时,如三角波、方波等,可用峰值因数进行换算,得到被测电压的峰值或有效值。当利用峰值电压表测量失真的正弦波时,因为峰值检波器对波形响应十分敏感,所以可能产生很大的误差,使用时要特别注意。峰值检波器主要应用在检波-放大式电压表中,它的最大优点是可以把检波二极管及其电路单独放置在测量探头内。

有效值检波器就是使检波器的输出电流 I。与交流电压的有效值成比例。在电压测量技术中,经常需要测量非正弦波,尤其是失真正弦波的有效值,如噪声的测量,在非线性失真测量仪器中谐波电压的测量,等等。由此可见,具有上述检波器并用正弦有效值刻度的电压表,可测任意波形的交流电压的有效值而不会产生波形误差,这种检波器与上述两种检波器相比主要是电路复杂。平均值检波器和峰值检波器主要由二极管的检波电路组成,而有效值检波器不仅有二极管电路的检波器,还有热电偶变换器等。

2. 数字式电压表测量电压

数字式电压表是一种极其精确、灵活多用的电子仪器,目前多数数字电压表已智能化并装有标准接口,能很好地与其他数字仪器(包括计算机)相接,在自动测量系统中得到广泛应用。

1) 数字电压表的特点

与模拟式电压表相比,数字电压表具有以下特点:

(1) 精确度高。以测量直流电压为例,对于一般的数字电压表,满度误差可达 $\pm(0.01 \sim 0.1)\%$;对于质量较高的数字电压表可达 $\pm(0.001 \sim 0.0001)\%$。但要制作误差小于 0.1% 的磁电式电压表十分困难。

(2) 数字显示。由于测量结果直接采用了数字显示,故能保证读数的准确方便。一般的数字电压表显示数字位数为 $4 \sim 6$ 位,高精度数字电压表显示位数为 $7 \sim 8$ 位。

（3）测量速度快。一般的模拟式电压表的测量时间大约为十分之一秒,而一般数字电压表测量间隔只有十几到几十毫秒,有的甚至达到几十微秒,故便于用在自动测试中。

（4）输入阻抗高。一般的直流数字电压表在基本量程的输入阻抗可达1000 MΩ以上。

（5）灵敏度高,抗干扰能力强。对于一般数字电压表,灵敏度可达 0.1 mV,个别的可达 1 μV。在抗干扰方面,针对不同的干扰信号可达几十到一百多分贝。

（6）便于实现测量过程的自动化。数字电压表大多有自动功能转换、自动量程转换以及对测试结果进行显示、储存、记忆等功能。如果将数字电压表、打印机等与计算机相连,便组成自动测试系统。目前已出现具有自动校准、自动调零、自动进行数据处理及自动寻找故障等功能的智能化数字电表。

2）数字电压表的组成

讨论数字电压表的主要内容可归结为电压测量的数字化方法。模拟量的数字化测量,其关键是如何把随时间作连续变化的模拟量变成数字量,完成这种变换的电路叫模/数转换器（A/D 转换器）。数字电压表的原理方框图如图 9.1 所示。

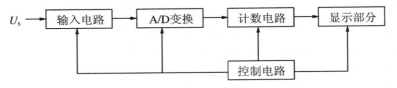

图 9.1　数字电压表组成框图

数字电压表由模拟输入电路、A/D 变换电路、计数电路、显示电路和控制电路等部分组成。模拟电路部分由输入电路（其中包括衰减器和放大电路）与 A/D 变换器组成。其任务是把被测信号电压经过衰减、放大达到 A/D 转换器所需的值,然后转换成数字量。数字逻辑电路部分由计数电路和逻辑控制电路组成。计数电路的任务是把 A/D 转换器转换成的数字量（与被测电压成正比的脉冲频率或时间间隔）进行计数,然后送到显示电路。逻辑控制电路的任务是控制数字电压表的各部分进行协调工作,如采样时间、复零等控制。显示电路由译码器和数码管组成,它的任务是用十进制的数码管显示被测电压的数值。由此可见,完成数字化电压测量的核心是 A/D 转换器。目前各类数字电压表的最大区别也在于 A/D 变换的方法不同,而各类数字电压表的性能在很大程度上也取决于 A/D 变换的方法。

目前在实际应用中的 A/D 转换器都是指把直流或缓慢变化的电压转换为数字量。因此,为了测量交流电压,就必须首先把交流电压转换成直流电压,然后通过 A/D 转换成数字量。

3) 数字电压表的主要工作特性

（1）测量范围。

一般模拟式电压表利用量程就可表征其电压测量范围，但是对于数字电压表来说还需说明显示位数、超量程能力等才能较全面地反映它的测量范围。

① 量程。数字电压表的量程是以基本量程（即 A/D 转换器的电压范围）为基础，借助于步进分压器和前置放大器向两端扩展，下限可低于 mV 级，上限为 1 kV 左右，量程转换除手动外还有自动转换。

② 显示位数。一般数字电压表的位数是指完整显示位，即能够显示 0～9 十个数码的那些位。经常看到的诸如 $3\frac{1}{2}$ 位、$4\frac{1}{2}$ 位、$5\frac{1}{2}$ 位等术语。所谓 $\frac{1}{2}$ 位，它有两种含义：第一种情况，若数字电压表的基本量程为 1 V 或 10 V，那么带有 $\frac{1}{2}$ 位的数字电压表表示具有超量程的能力。例如，在 10.000 V 量程上计数器最大显示为 9.999 V，很明显这是一台 4 位的电压表，无超量程能力，即记数大于 9999 时溢出；而另一台数字电压表，在 10.000 V 量程上，最大显示为 19.999 V，即首位只能显示 0 或 1，这一位不能与完整位混淆，它反映有超量程能力（最大记数可超过量程），虽形式上有五位，但首位是不完整显示位，故叫 $4\frac{1}{2}$ 位。第二种情况，基本量程不为 1 V 或 10 V 的数字电压表，其首位肯定是不完整显示位，所以不能算一位。例如，一台基本量程为 2 V 的数字电压表，在基本量程上的最大显示位为 1.9999 V，我们说这是一台 $4\frac{1}{2}$ 位的电压表，无超量程能力。

③ 超量程能力。超量程能力是数字电压表的重要特性。如一台 5 位数字电压表测一个电压值为 10.0001 V 的电压，置于满量程 10 V 挡，即最大显示为 9.9999 V，很明显计数器将溢出（因无超量程能力），将自动转换到 100 V 挡，显示 10.000 V，可见被测电压最后一位数将丢失，即对 0.0001 V（0.1 mV）无法分辨。具有超量程能力的数字电压表，有附加首位，当被测电压超过量程时，这一位显示 1，即在 10 V 挡全部显示为 10.0001 V。超量程能力用超过量程的百分数表示，如上面列举的两台数字电压表，后一台加入附加位，故具有超量程能力，它从最大容量 99999 增加到 199999，故超量程 100%。为了与无超量程能力的 5 位数字电压表有所区别，故称为 $5\frac{1}{2}$ 位的数字电压表。

（2）分辨力。

分辨力是数字电压表能够显示出被测电压的最小变化值，即显示器末位跳一个字所需的最小输入电压值。显然在最小量程上具有最高的分辨力，这里指分辨力应理解为最小量程上的分辨力。JSW-1 数字万用表，其最小量程为 5.000 V，则末位变一个数字为 1 mV。D026 型数字电压表,其最小量程为 0.100000 V,则末位变一个数字为 1 μV,即 D026 的分辨力为 1 μV。

(3) 测量误差。

数字电压表的固有误差用绝对误差 ΔU 表示,即

$$\Delta U = \pm (\alpha\% U_x + \beta\% U_m)$$

式中,U_x 为被测电压读数,U_m 为该量程的满度值,α 为误差的相对系数,β 为误差的固定项系数。上式第一项 $\alpha\% U_x$ 与读数成正比,称为"读数误差";而第二项不随读数而变,叫"满度误差"。

(4) 测量速率。

测量速率是指每一秒对被测电压的测量次数,或一次测量全过程所需的时间,它主要取决于 A/D 变换器的变换速率。

3. 利用示波器测量电压

利用示波器测量电压有它独特的优点,那就是它可以测量各种波形的电压幅度。更有实际意义的是,它可测量一个脉冲波形的各部分电压的瞬时值,例如上冲量、顶部下降等。利用示波器测量电压的方法将在电子示波器部分详细讨论。

9.1.3　电压测量中应注意的问题

1. 测量仪表的选择

仪表选择依据:

(1) 被测电压的类型是直流电压还是交流电压、低电压还是高电压、正弦电压还是非正弦电压。

(2) 被测电压的精度等级以及电压的范围。

(3) 被测电源的输出阻抗。

(4) 被测电压的频带范围等。

测量电压举例:

(1) 测量直流电压一般用万用表,如测放大器的电源电压,静态工作点的电压,也可用数字电压表。

(2) 测量 50 Hz 的市电,可用万用表。

(3) 测量低频信号电压,就必须采用交流电压表,并根据被测电路的输出阻抗、对精度的要求来选择电压表。如测放大电路的输入、输出电压可选用 DA-16 高灵敏度晶体管电压表,或者选用相应的数字电压表,但不能使用普通的万用表。

(4) 如果测量非正弦电压,如方波、三角波、脉冲波等,就不能用万用表、晶体管电压表,而必须用示波器或其他仪表测量。

2. 测量时应注意的几个问题

(1) 选择量程时注意所选用的量程应大于且接近被测电压的范围,如果不知

被测电压的范围,则应从高挡量程开始,逐渐选到合适的量程。

（2）测量前应正确选择功能开关,不能搞错,测量过程中不能换挡。

（3）电表调零分机械调零和电器调零。测量前若发现指针不在零位,先用表盘下的机械调零器将指针调到零位;开机后,将输入短路,若不在零位或改变量程时,要进行电器调零。

（4）用低挡测量时应特别注意过载发生,过载将损坏电表。有些高灵敏度的仪表在低挡工作时,由于外界干扰会引起严重过载损坏仪表。测量电压时,电压表总是与被测电路并联,故仪表的输入阻抗不仅影响测试结果的准确性,而且影响被测电路的正常工作。

9.2　FS820 全热风回流焊机

FS820 全热风回流焊机是一款小规模生产型 SMT 焊接设备,外形如图 9.2 所示。该设备具有 6 个控制温区,可按需要设定焊接温度曲线;一个焊接温度警示灯,红灯亮表示有温区超温;下柜有控制面板和工具箱各一个,控制面板操作简便,使用方便;急停开关一个,遇到突发故障可按急停开关暂停工作。

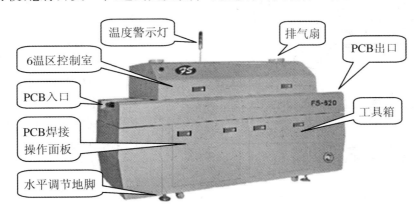

图 9.2　FS820 全热风回流焊机外形图

9.2.1　主要技术指标

（1）工作电源:三相交流 380 V,50/60 Hz。

（2）启动功率：8 kW。

（3）工作功耗：3 kW。

（4）加热温区：6个，上4，下2。

（5）加热区长度：1300 mm。

（6）网带（传送带）宽度：300 mm。

（7）网带运输方向：左进右出。

（8）运输带速度：0～1500 mm/min。

（9）PCB最大宽度：280 mm。

（10）升温时间：约15 min。

（11）温度控制范围：室温～400 ℃。

（12）温度控制方式：PID闭环控制，SSR驱动。

9.2.2　回流焊机工作原理

　　FS820全热风回流焊机的原理框图如图9.3所示，接通三相电源后按下启动开关，电源控制器开始工作，并向加热控制器、传送带速度控制器、鼓风电动机、排气电动机和冷却电动机供电。机器的电源总启动开关（ON）设于控制面板上，加热控制器和传送带速度控制器都有独立的启动开关供独立启动和关闭。加热控制器有6个，分别控制回流仓里6个加热区的温度，通过温度传感器反馈到控制器，使回流仓内部的温度处于温度控制器的控制范围。传送带速度控制器控制传送电动机的转速，通过手动调节速度旋钮，使传送带满足不同产品焊接的需要。

　　工作完毕后按控制面板上的停止开关（OFF），停止开关并不立即关闭电源，而是启动延时开关，等待回流仓的温度下降，一般延时30 min左右，然后再关闭电源。按停止开关后传送带也不会马上停止运行，以避免温度剧变造成传送

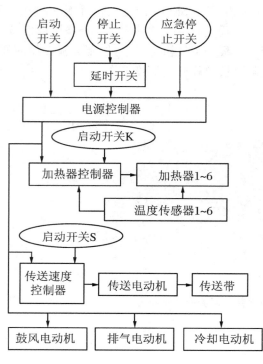

图9.3　T300全热回流焊机的原理框图

带变形。在焊接过程中,遇到印制电路板脱离传送带或印制电路板上元器件脱落等现象,可以按急停开关,这时回流焊设备的各个工作部件全部暂停工作,但并未断电,等待问题处理完毕再顺时针旋转应急停止开关,回流焊设备重新开始工作。

鼓风电动机有 6 个,在加热过程中它们使回流仓内部的热空气均匀分布,冷却电动机也有 6 个,3 个在设备的顶部,2 个在印制电路板出口处,1 个为电源控制器制冷,排气电动机有 2 个,向设备外排除有害气体。

9.2.3 回流焊机的结构和功能

FS820 全热风回流焊机的各部分结构及其功能,有控制面板、传送带、急停开关、焊接温度警示灯和控制电路五个部分组成。

1. 控制面板

控制面板包含有 FS820 电源启动开关、加热启动开关 K、各加热区温度的设定和传送带运行速度的控制器,是回流焊机的控制中心,如图 9.4 所示。面板左上角的绿色按钮为电源启动开关,红色按钮为加热启动开关 K,右侧的开关为传送带运行速度的控制器,其中开关 S 按到"I",传送带运行(RUN);按到"O",停止运行(STOP)。速度调整旋钮顺时针旋转将提高传送带运行速度,反时针旋转则降低运行速度,速度大小视工艺需要而定,一般将旋钮调节在第 4 挡,使印制电路板工件从进入回流焊机到出口所经历的时间控制为 6 min 左右。控制面板上安装有 6 个相同的温度设置、显示、控制板,分别用于 6 个温区的温度设置、显示和控制。

图 9.4 FS820 全热风回流焊机控制面板

每个控制板面板的第二行数字(SV)是设定温度值(如 220℃),每次开机时将显示上次生产设定的温度。根据需要按触模键 SET 后,利用上升(A)、下降(V)键即可进行调节。面板上第一行数字(PV)是检测到的该加热区的实时温度(如24 ℃),它将随着加热过程逐渐升高到设定温度。设置、显示、控制板下方的开关是该加热区加热控制的启动开关。

回流仓内分为 6 个加热区,即上加热器 4 个区和下加热器 2 个区,按需要设定焊接温度曲线,以保证焊接质量。每个加热区都有一个标准的热电偶检测该区的实时温度,对比设定温度,通过精密温度控制器驱动固态继电器 SSR 控制该区的温度,具有智能控制调节功能。若升温超过设定温度,焊接温度警示灯红灯点亮报警。

2. 传送带

传送带由钢丝组成网带,如图9.5所示。印制电路板放在网带上,从进口处进入回流焊仓,通过中间热空气的回流,使印制电路板上贴片元器件的引脚焊点焊锡融化,与焊盘融为一体。从出口处出来时,将受到2个冷却电动机吹风冷却,网带启停由传送带运行开关 S 控制,运行速度由调速旋钮调节。

(a) 进口   (b) 出口

图9.5　传送带进口和出口

3. 焊接温度警示灯

焊接温度警示灯竖立在上盖的右侧上方,分红、绿两种颜色,红色表示超温,绿色表示加热区处于加热工作中。当某个加热区的温度超过设定温度的规定值时,红色报警灯发亮,提示超温了,需要检查并进行调节。

4. 电气控制电路

电气控制电路安装在机器后面,包括交流接触器、加热电路上的保险控制器、时间继电器、固态继电器、冷却风扇、接线槽架等。

按下启动开关时,交流接触器启动,接通三相交流电,向设备提供电源。三相电源通过保险控制器和固态继电器 SSR 分配到6个加热控制器以及传送带速度控制器上,同时向冷却电动机、鼓风电动机以及排气电动机供电,风扇电动机开始工作。这时如果启动传送带速度控制器上的启动开关 S,就可以使传送电动机运行,带动网带从左向右传送工件,调节速度旋钮控制网带的传输速度。需要启动加热器时,可以启动加热控制器上的启动开关 K,通过加热控制器上的温度传感器自动控制加热温度。当某个加热区的温度超出设定温度时,温度警示灯上的红色灯亮提示超温,这时温度控制器会自动调节加热器,使该区温度降到设定温度,使红色警示灯熄灭。如果长时间超温,并观察到温度控制器上的温度指示一直上升,就需要停机检查,找出原因,排除故障。

9.2.4　回流焊机的操作及维护

1. 机器的操作

（1）接通三相供电电源(供电电源空气开关)。

（2）按下绿色启动按钮(ON)，这时进风和出风电动机以及排气电动机和冷却电动机都开始工作，焊接温度警示灯绿灯亮。

（3）开启控制板上传送带开关 S，传送带即由左向右运动。检查调速器旋钮指示刻度，观察传送带运行速度。为此可以放一块印制电路板到进口处，5～7 min 是否会到达出口，若速度过快或过慢，则可通过调节调速旋钮来调节。

（4）打开 6 个加热区的温度控制器开关 K，按温度控制器下方的 SET 键使数据闪动，用"A"和"V"键选择更改数据，之后按 SET 键确认。其中红色显示的数字是加热的实际温度值，绿色显示的数字是设定温度值。

（5）开机 15～20 min 预热后，观察温度控制器上实际温度与设定温度值是否一致，且 OUT1 灯开始闪动，即表示该区温度已经上升到设定温度值。

（6）将热电偶传感器贴附在与工作印制电路板相同或相似尺寸的旧板上，以测试回流温度。操作步骤是将旧板放入机器的传输网带上，用温度测量仪作回流仓的温度曲线图。

（7）在回流温度合适的情况下便可以开始生产，亦可以先测试一块已粘好表面元器件的板子，检查回流焊效果，符合焊接要求的情况下，开始批量生产。

（8）检验焊好的印制电路板，观察所有元器件是否焊接牢固，所有焊点是否焊接丰满，相邻焊点间有无粘连，元器件引脚与印制电路板焊盘是否对正等。若有问题，只能用热风焊机将相应元器件吹下，手工补焊。

（9）正常使用结束后，关闭电源启动开关，延时继电器开始工作，此时机器仍在延时运行。这时要关闭温度控制器的启动开关 K，但不能关闭网带传输开关 S，待延时继电器延时动作，机器自动停止工作后，再关闭网带传输开关，最后关闭供电电源的空气开关。

2. 使用注意事项

（1）开机前需检查交流电源电压是否处在安全范围，是否稳定，以保证机器正常工作。

（2）保持实验室内清洁以及设备外壳的清洁，并清除出风口处的残留物，保证传送通道畅通。

（3）机内风扇运转时搅动机内空气流动，同时会将机内各种灰尘粘在扇叶及电动机上，要及时清洗，避免电动机损坏。

（4）经常检查机器外壳的漏电情况，保证设备安全用电。

（5）在紧急停机时，尽管断电器已经断开，但电路中仍然有电，要特别注意安全。在进行修理、维护机器之前，须断开电源总开关，以确保机器不带电。

（6）在开始放入印制电路板或突然改变放入回流焊的印制电路板数量时，实际温度与设定温度可能有一定温差，这是正常现象。

（7）关机后延时继电器开始工作，此时机器仍在运行，这时要关闭温度控制器的开关 K，但不要关闭网带传输启动开关 S，等机器自动停止工作后，才能关闭网带传输开关和供电总开关。

9.3　数字合成信号发生器

9.3.1　主要技术参数

（1）输出频率：1 mHz～40 MHz。

（2）输出幅度：$1\ mV_{p-p}$～$10\ V_{p-p}$（负载 50 Ω），另有 −60 dB 小信号输出。

（3）输出波形：正弦波、方波、脉冲波、三角波、锯齿波、TTL 脉冲波、点频、扫频、调频、调幅、脉冲串、调相、FSK、ASK、PSK 等波形。

（4）正弦波失真：≤0.1%。

（5）三角波线性失真：≤1%。

（6）方波前沿：≤15 nS。

（7）频稳优于：$1 \times 10^{-6}/d$。

（8）主要特征：采用 DDS 数字合成技术，双通道同时输出，高分辨率、高精度、高可靠性，操作界面采用全中文交互式菜单，具有多种内外调制、扫描功能，各种调制参数可任意设置，并直观地显示在屏幕上，选配 IEEE-488 接口和 RS232 接口等。

9.3.2　功能说明及使用

本仪器采用全中文交互式菜单和灵活舒适的按键，使得操作起来特别方便，显示采用分级式菜单，按键采取分组规划、统一功能模式，面板示意图如 9.6 所示。

仪器按键包括如图 9.7 所示的几个部分：

1）快捷键区域

快捷键区包含有 Shift、频率、幅度、调频、调幅、菜单 6 个键，它的主要特点是方便、快速进入某项功能设定或者是常用的波形快速输出，它们的功能分为以下两类。

图 9.6　数字合成信号发生器面板

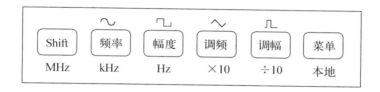

图 9.7　面板按键

（1）当显示菜单为主菜单时，通过单次按下频率、幅度、调频、调幅键进入相应的频率设置功能、幅度设置功能、调频波和调幅波的输出。任何情况下都可以通过按下菜单键来强迫从各种设置状态进入主菜单，还可以通过按下 shift 键配合频率、幅度、调频、调幅、菜单键来进入相应的"正弦"、"方波"、"三角波"、"脉冲波"的输出，即为按键上面字符串所示。

（2）当显示菜单为频率相关的设置时，快捷键所对应的功能为所设置的单位。即为按键下面字符串所示。例如在频率设置时，按下数字键"8"，再按下幅度键来输入 8 MHz 的频率值。

2）方向键区域

方向键分为 Up、Down、Left、Right、Ok 5 个键，主要功能是移动设置状态的光标和选择功能，如图 9.8 所示。例如设置"波形"的时候可以通过移动方向键来选择相应的波形，被选择的波形以反白的方式呈现出来。当为计数功能时，OK 键为暂停/继续计数键，按下奇数次为暂停，偶数次为继续，Left 键为清零键。

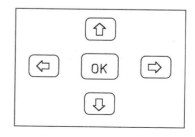

图 9.8　方向键盘区

3）屏幕键

屏幕键是对应特定的屏幕显示而产生特
定功能的按键,如图9.9所示。从左向右分别叫作 F1、F2、F3、F4、F5、F6 键。对应
屏幕的"虚拟"按键。例如,通道 1 的设置中它们的功能分别对应屏幕的"波形"、
"频率"、"幅度"、"偏置"、"返回"功能。

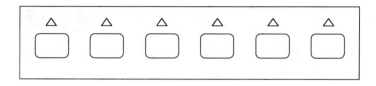

图 9.9 屏幕键

4）数字键盘区

数字键盘区是专门为了快速地输入一些数字量而设计的,如图9.10所示。由
0～9 的数字键、"."和"－"12 个键组成。在数字量的设置状态下,按下任意一个
数字键的时候,屏幕会开一个对话框,保存所按下的键,然后通过按下 OK 键输入
默认单位的量或者相应的单位键来输入相应单位的数字量。

5）旋转脉冲开关

利用旋转脉冲开关可以快速地加、减光标所对应的量,如图9.11所示的旋转
开关。利用它输入数字量,会感觉到得心应手。

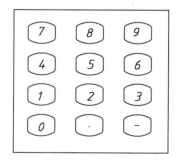

图 9.10 数字键盘区

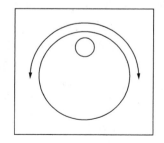

图 9.11 旋转脉冲开关

6）欢迎界面

打开电源开关或者执行"软复位"操作时,可以看到如图9.12所示的欢迎界
面,并伴随一声蜂鸣器的响声。欢迎界面大约停留 1 s,欢迎界面出现之后是仪器

自检状态,当仪器自检通过后进入主菜单。

图 9.12　欢迎界面

7) 主菜单

主菜单如图 9.13 所示,包括子菜单选项和当前输出提示两项,含义分别如下:

图 9.13　主菜单

(1) "正弦"、"脉冲"表示当前通道 I 输出波形为正弦。

(2) 5.00 V、500.000000 kHz 表示当前输出波形参数。

(3) ▣标志 Shift 键按下,奇数次确认,偶数次取消。

(4) "主波"为主波形输出(正弦、方波、三角波、脉冲波)二级子菜单。

(5) "调制"为仪器调制功能二级子菜单。

(6) "扫描"为仪器扫描功能二级子菜单。

(7) "键控"为仪器键控功能二级子菜单。

(8) "测量"为仪器测量功能二级子菜单。

(9) "系统"为系统功能二级子菜单。

例如,按下"主波"对应的 F1 键时,菜单便会激活,这时进入了函数发生器主波形参数设置子菜单。

8) "主波"二级子菜单

通过方向键来选择波形,屏幕键 F1~F6 来设定输出波形的其他参数,如图 9.14 所示。

当按下"调制"所对应的屏幕键后,进入"调制"二级子菜单。

9) "调制"二级子菜单

通过方向键来选择输出的调制波,屏幕菜单如图 9.15 所示,分别对应的功能

设定如下:

图 9.14 "主波"菜单

图 9.15 "调制"菜单

(1)"波形"为调制波形选择。

(2)"频率"为载波频率。

(3)"幅度"为载波幅度。

(4)"速度"为调制的速度,即调制波频率,时间量表示,折合频率为 0~100 Hz。

(5)"深度"为调制深度,调频时为调频深度,是频率量;调幅时为调幅的深度,是幅度量;调相时为调相深度,是相位量。

(6)"个数"调制波的个数输出,范围为 0~65535 个。

当按下"菜单"键返回主菜单后,再次按下 F3 键,便进入了"扫描"二级子菜单。

10)"扫描"二级子菜单

通过方向键选择要输出的扫描波形。屏幕"扫描"菜单如图 9.16 所示,分别对应功能设定如下:

图 9.16 "扫描"菜单

（1）"波形"为扫描波形选择，分线性、对数两种频率扫描方式。

（2）"频率"为扫描的起点。

（3）"幅度"为扫描波的速度。

（4）"深度"为频率扫描波的宽度。

（5）"时间"为扫描一次（从起点到终点）所用时间设定功能。

（6）"轮次"为多少个从起点到终点的循环，即扫描波个数。

11）"键控"二级子菜单

通过方向键选择要输出的键控波，如图 9.17 所示。屏幕菜单分别对应的功能设定如下：

图 9.17　"键控"菜单

（1）"波形"为键控波形选择。

（2）"频率"为载波频率。

（3）"幅度"为载波幅度。

（4）"速度"为键控的速度，时间量表示，折合频率为 0～10 kHz。

（5）"深度"为键控深度，键频时为调频深度，是频率量；键幅时为键幅的深度，是幅度量；键相时为键相深度，是相位量。

（6）"个数"为键控波的个数输出，范围为 0～65535 个。

12）"测量"二级子菜单

"测量"二级子菜单如图 9.18 所示，屏幕键所对应的功能设定如下：

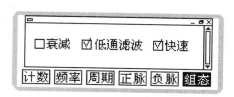

图 9.18　"测量"菜单

（1）"计数"为计数器功能。

（2）"频率"为频率测量功能。

（3）"周期"为周期测量功能。

（4）"正脉"为测量正脉宽功能。

（5）"负脉"为测量负脉宽功能。

（6）"组态"为测量时是否选择衰减或者是低通滤波及测量闸门时间；"□"表示未选中，"☑"表示选中。

13）"系统"菜单

图 9.19 所示为"系统"菜单，其功能定义为：

图 9.19　"系统"菜单

（1）"存储"为当前仪器设置参数存储功能，可存储 3 组用户设置信息。

（2）"加载"为跟存储功能所对应，加载用户以前存储的信息。

（3）"复位"为提供软复位功能。

（4）"程控"为设定 GPIB 地址等仪器可程控项。

（5）"校准"为仪器校准功能，有密码保护，暂时不对用户开放。

（6）"关于"为关于本仪器的一些信息，包括本仪器序列号、系统软件版本号等。

9.4　直流稳定电源

9.4.1　主要技术参数

（1）输入电压：220 V±10%。

（2）输出电压：0～30 V 连续可调。

（3）输出电流：0～3 A 连续可调。

（4）源效应：稳压（CV）$\leqslant 5 \times 10^{-4} + 0.5$ mV。

稳流（CC）$\leqslant 1 \times 10^{-2} + 3$ mA。

（5）负载效应：稳压（CV）$\leqslant 5 \times 10^{-4} + 1$ mV。

稳流（CC）≤$1 \times 10^{-4} + 5$ mA。

（6）数显双路输出。

9.4.2　功能说明及使用

HY171 系列双路可跟踪直流稳定电源，每路输出都具有稳压（CV）、稳流（CC）功能，稳压、稳流连续可调，不怕短路，其稳压、稳流两种工作状态，可随负载的变化能自动转换。在跟踪状态下，实现主从工作，从路输出电压随主路输出电压变化而变化。双路稳定电源，可实现独立、跟踪、串联、并联四种工作方式，其操作面板如图 9.20 所示。

1. 面板控制件介绍

（1）两组"电压"与"电流"旋钮，分别控制两组可独立输出且互不影响的稳压/稳流源。"电压"旋钮控制输出电压的调节范围，"电流"旋钮调节输出电流或保护电流值。

（2）输出端钮。两组"＋、GND、－"，分别对应稳定电源的两组输出，GND 地端与机壳相连，与电源输出无关。

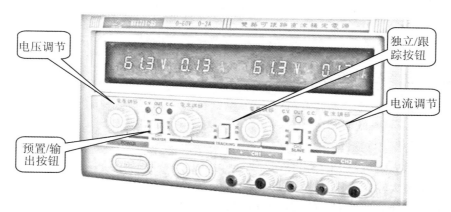

图 9.20　双路稳定电源面板

（3）四组 4 位数码管分别用于显示两组稳定电源的输出电压和电流值。

（4）独立/跟踪切换按钮。按键弹出时，主、从两组独立输出，开关按下时从路输出电压随主路输出电压变化而变化。

（5）预置/输出切换按钮。弹出时正常输出电压、电流，开关按下时预置输出电流值。

（6）电源总开关。电源开关在面板左侧，其作用是打开直流稳定电源。

2. 使用方法

（1）主路稳压输出：调节左侧"电压调节"旋钮，显示部分左侧两组数码管显示主路电压/电流。若正压输出，将"输出"的负接地；若负压输出，则将"输出"的正接地。

（2）从路稳压输出：调节右侧"电压调节"旋钮，显示部分右侧两组数码管显示从路电压/电流。若正压输出，将"输出"的负接地；若负压输出，则将"输出"的正接地。

（3）正负对称稳压输出：按下"独立/跟踪"按钮，主路输出正电压，从路输出负电压。主输出的"－"与从输出的"＋"内部短接相当接地端。

（4）稳流输出：主从稳流输出调节相同。按下"预置/输出"切换按钮，调节输出电流调节旋钮，使显示值达到输出电流要求，然后弹起"预置/输出"切换按钮，输出端向负载输出预置电流值。

9.5　电子示波器

9.5.1　主要技术参数

（1）灵敏度：垂直系统 5 mV/div～5 V/div；
　　　　　　 水平系统 0.5 s/div～0.2 μs/div。

（2）带宽：20 MHz（－3 dB）。

（3）输入阻抗：1 MΩ±3%，(25±5) pF。

（4）最大输入电压：400 V（DC＋AC peak）。

（5）工作方式：CH1，CH2，ALT，CHOP，ADD。

（6）触发灵敏度：内触发 1.5 V；
　　　　　　　　　 外触发 0.5 V。

（7）触发方式：常态，自动，电视场，峰值自动。

（8）校正信号：1 kHz±2%，0.5 V±2%，对称方波。

9.5.2　功能说明及使用

示波器是一种较精密的电子测量仪器，其最大特点是能够直观地观察被测量的形状。自然界中所有信息通过传感器转换为电压信号后，都可以通过示波器进行观察、测量。

1. 面板控制件介绍

LM4320 的面板如图 9.21 所示,主要由屏幕部分、垂直部分、水平部分和触发部分等组成,其面板控制件名称及对应的功能如表 9.1 所示。

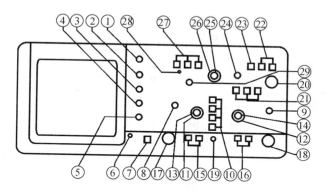

图 9.21　LM4320 型双踪示波器面板图

表 9.1　制键名称及功能

序　号	控制件名称	功　　　　　　能
1	亮度	调节光迹的亮度
2	辅助聚焦	与聚焦配合,调节光迹的清晰度
3	聚焦	调节光迹的清晰度
4	迹线旋转	调节光迹与水平刻度线平行
5	校正信号	提供幅度为 0.5 V,频率为 1 kHz 的方波信号,用于校正 10∶1 探极的补偿电容器和检测示波器垂直与水平的偏转因数
6	电源指示	电源接通时,灯亮
7	电源开关	电源接通或关闭
8	CH1 移位 PULL CH1-X　CH2-Y	调节通道 1 光迹在屏幕上的垂直位置,用作 X-Y 显示
9	CH2 移位 PULL　INVERT	调节通道 2 光迹在屏幕上的垂直位置,在 ADD 方式时使 CH1 + CH2 或 CH1 − CH2

续表

序 号	控制件名称	功　　能
10	垂直方式	CH1 或 CH2：通道 1 或通道 2 单独显示 ALT：两个通道交替显示 CHOP：两个通道断续显示，用于扫速较慢时的双踪显示 ADD：用于两个通道的代数和或差
11	垂直衰减器	调节垂直偏转灵敏度
12	垂直衰减器	调节垂直偏转灵敏度
13	微调	用于连续调节垂直偏转灵敏度，顺时针旋足为校正位置
14	微调	用于连续调节垂直偏转灵敏度，顺时针旋足为校正位置
15	耦合方式 （AC-DC-GND）	用于选择被测信号馈入垂直通道的耦合方式
16	耦合方式 （AC-DC-GND）	用于选择被测信号馈入垂直通道的耦合方式
17	CH1　OR　X	被测信号的输入插座
18	CH2　OR　Y	被测信号的输入插座
19	接地（GND）	与机壳相连的接地端
20	外触发输入	外触发输入插座
21	内触发源	用于选择 CH1、CH2 或交替触发
22	触发源选择	用于选择触发源为 INT(内)，EXT(外)或 LINE(电源)
23	触发极性	用于选择信号的上升或下降沿触发扫描
24	电平	用于调节被测信号在某一电平触发扫描
25	微调	用于连续调节扫描速度，顺时针旋足为校正位置
26	扫描速率	用于调节扫描速度
27	触发方式	常态（NORM）：无信号时，屏幕上无显示；有信号时，与电平控制配合显示稳定波形 自动（AUTO）：无信号时，屏幕上显示光迹；有信号时，与电平控制配合显示稳定波形 电视场（TV）：用于显示电视场信号 峰值自动（P-P AUTO）：无信号时，屏幕上显示光迹；有信号时，无须调节电平即能获得稳定波形显示

序　号	控制件名称	功　　能
28	触发指示	在触发扫描时,指示灯亮
29	水平移位 PULL×10	调节迹线在屏幕上的水平位置拉出时扫描速度被扩展 10 倍

2. 操作方法

1）电源检查

LM4320 双踪示波器电源电压为 220 V±10%。接通电源前,检查本地电源电压,如果不相符合,禁止通电使用!

2）面板功能检查

（1）将有关控制件按表 9.2 所示的要求设置。

表 9.2　面板旋钮及开关初始设置状态

控制件名称	作用位置	控制件名称	作用位置
亮　　度	居　中	触发方式	峰值自动
聚　　焦	居　中	扫描速率	0.5 ms/div
位　　移	居　中	极　性	正
垂直方式	CH1	触发源	INT
灵敏度选择	10 mV/div	内触发源	CH1
微　　调	校正位置	输入耦合	AC

（2）接通电源,电源指示灯亮,稍预热后,屏幕上出现扫描光迹,分别调节亮度、聚焦、辅助聚焦、迹线旋转、垂直、水平移位等控制件,使光迹清晰并与水平刻度平行。

（3）用 10∶1 探极将校正信号输入至 CH1 输入插座。

（4）调节示波器有关控制件,使荧光屏上显示稳定且易观察方波波形。

（5）将探极换至 CH2 输入插座,垂直方式置"CH2",内触发源置于"CH2",重复前面的操作。

3）垂直系统的操作

（1）垂直方式的选择。

当只需观察一路信号时,将"垂直方式"开关置"CH1"或"CH2",此时被选中的通道有效,被测信号可从通道端口输入。当需要同时观察两路信号时,将"垂直方式"开关置"交替",该方式使两个通道的信号被交替显示,交替显示的频率受扫描周期控制。当扫速低于一定频率时,交替方式显示会出现闪烁,此时应将开关置于"断续"位置。当需要观察两路信号代数和时,将"垂直方式"开关置于"代数和"位置,在选择这种方式时,两个通道的衰减设置必须一致,CH2 移位处于常态时为 CH1 + CH2,CH2 移位拉出时为 CH1 − CH2。

(2)输入耦合方式的选择。

直流(DC)耦合:适用于观察包含直流成分的被测信号,如信号的逻辑电平和静态信号的直流电平,当被测信号的频率很低时,也必须采用这种方式。

交流(AC)耦合:信号中的直流分量被隔断,用于观察信号的交流分量,如观察较高直流电平上的小信号。

接地(GND):通道输入端接地(输入信号断开),用于确定输入为零时光迹所处位置。

(3)灵敏度选择(V/div)的设定。

按被测信号幅值的大小选择合适挡级。"灵敏度选择"开关外旋钮为粗调,中心旋钮为细调(微调),微调旋钮按顺时针方向旋足至校正位置时,可根据粗调旋钮的示值(V/div)和波形在垂直轴方向上的格数读出被测信号幅值。

4)触发源的选择

(1)触发源选择。

当触发源开关置于"电源"触发,机内 50 Hz 信号输入到触发电路。当触发源开关置于"常态"触发,有两种选择,一种是"外触发",由面板上外触发输入插座输入触发信号;另一种是"内触发",由内触发源选择开关控制。

(2)内触发源选择。

"CH1"触发:触发源取自通道 1。

"CH2"触发:触发源取自通道 2。

"交替触发":触发源受垂直方式开关控制,当垂直方式开关置于"CH1",触发源自动切换到通道 1;当垂直方式开关置于"CH2",触发源自动切换到通道 2;当垂直方式开关置于"交替",触发源与通道 1、通道 2 同步切换,在这种状态使用时,两个不相关的信号其频率不应相差很大,同时垂直输入耦合应置于"AC",触发方式应置于"自动"或"常态"。当垂直方式开关置于"断续"和"代数和"时,内触发源选择应置于 "CH1"或"CH2"。

5)水平系统的操作

(1)扫描速度选择(t/div)的设定。

按被测信号频率高低选择合适挡级,"扫描速率"开关外旋钮为粗调,中心旋钮为细调(微调),微调旋钮按顺时针方向旋足至校正位置时,可根据粗调旋钮的示值(t/div)和波形在水平轴方向上的格数读出被测信号的时间参数。当需要观察波形某一个细节时,可进行水平扩展×10,此时原波形在水平轴方向上被扩展 10 倍。

(2)触发方式的选择。

"常态"：无信号输入时，屏幕上无光迹显示；有信号输入时，触发电平调节在合适位置上，电路被触发扫描。当被测信号频率低于 20 Hz 时，必须选择这种方式。

"自动"：无信号输入时，屏幕上有光迹显示；一旦有信号输入时，电平调节在合适位置上，电路自动转换到触发扫描状态，显示稳定的波形，当被测信号频率高于 20 Hz 时，最常用这一种方式。

"电视场"：对电视信号中的场信号进行同步，如果是正极性，则可以由 CH2 输入，借助于 CH2 移位拉出，把正极性转变为负极性后测量。

"峰值自动"：这种方式同自动方式，但无须调节电平即能同步，它一般适用于正弦波、对称方波或占空比相差不大的脉冲波。对于频率较高的测试信号，有时也要借助于电平调节，它的触发同步灵敏度要比"常态"或"自动"稍低一些。

(3)"极性"的选择。

用于选择被测试信号的上升沿或下降沿去触发扫描。

(4)"电平"的位置。

用于调节被测信号在某一合适的电平上启动扫描，当产生触发扫描后，触发指示灯亮。

3. 测量电参数

1）电压的测量

示波器的电压测量实际上是对所显示波形的幅度进行测量，测量时应使被测波形稳定地显示在荧光屏中央，幅度一般不宜超过 6 div，以避免非线性失真造成的测量误差。

(1) 交流电压的测量。

① 将信号输入至 CH1 或 CH2 插座，将垂直方式置于被选用的通道。

② 将 Y 轴"灵敏度微调"旋钮置校准位置，调整示波器有关控制件，使荧光屏上显示稳定、易观察的波形，则交流电压幅值 $U\mathrm{p-p}=$ 垂直方向格数（div）× 垂直偏转因数（V/div）

(2) 直流电压的测量。

① 设置面板控制件，使屏幕显示扫描基线。

② 设置被选用通道的输入耦合方式为"GND"。

③ 调节垂直移位，将扫描基线调至合适位置，作为零电平基准线。

④ 将"灵敏度微调"旋钮置校准位置，输入耦合方式置"DC"，被测电平由相应 Y 输入端输入，这时扫描基线将偏移，读出扫描基线在垂直方向偏移的格数（div），则被测电压：

$$U = 垂直方向偏移格数（div）× 垂直偏转因数（V/div）× 偏转方向（＋或－）$$

式中，基线向上偏移取正号，基线向下偏移取负号。

2）时间测量

时间测量是指对脉冲波形的宽度、周期、边沿时间及两个信号波形间的时间间隔（相位差）等参数的测量。一般要求被测部分在荧光屏 X 轴方向应占（4～6）div。

（1）时间间隔的测量。

对于一个波形中两点间的时间间隔的测量，测量时先将"扫描微调"旋钮置校准位置，调整示波器有关控制件，使荧光屏上波形在 X 轴方向大小适中，读出波形中需测量两点间水平方向格数，则时间间隔为

$$时间间隔 = 两点之间水平方向格数(div) \times 扫描时间因数(t/div)$$

（2）脉冲边沿的测量。

上升（或下降）时间的测量方法和时间间隔的测量方法一样，只不过是测量被测波形满幅度的 10% 和 90% 两点之间的水平方向距离，如图 9.22 所示。

用示波器观察脉冲波形的上升边沿、下降边沿时，必须合理选择示波器的触发极性（用触发极性开关控制）。显示波形的上升边沿用"＋"极性触发，显示波形下降边沿用"－"极性触发。如波形的上升沿或下降沿较快则可将水平扩展×10，使波形在水平方向上扩展 10 倍，则上升（或下降）时间为

$$上升（或下降）时间 = \frac{水平方向格数(div) \times 扫描时间因数(t/div)}{水平扩展倍数}$$

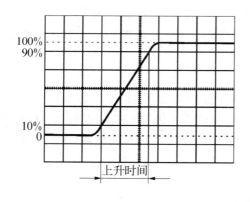

图 9.22　上升时间的测量　　　　　**图 9.23　相位差的测量**

（3）相位差的测量。

① 参考信号和一个待比较信号分别馈入"CH1"和"CH2"输入插座。

② 根据信号频率，将垂直方式置于"交替"或"断续"。

③ 设置内触发源至参考信号那个通道。

④ 将 CH1 和 CH2 输入耦合方式置"⊥"，调节 CH1、CH2 移位旋钮，使两条扫

描基线重合。

⑤ 将 CH1、CH2 耦合方式开关置"AC",调整有关控制件,使荧光屏显示大小适中、便于观察两路信号,如图 9.23 所示,读出两波形水平方向差距格数 D 及信号周期所占格数 T,则相位差为

$$\theta = \frac{D}{T} \times 360°$$

9.6   选择和使用电子测量仪器应注意的几个问题

1. 正确选用电子测量仪器的种类

每一台电子仪器都有一定的技术指标,只有在技术指标允许的范围内工作,测试结果才准确,如用 SR8 双踪示波器测量信号的最高频率为 15 MHz,若被测信号频率为 20 MHz 就必须用 LM4320 才正确。有时多种仪器可以测同一个参数,但它们所得结果是不同的。例如,测直流电压,用数字万用表测量出的结果,其精度将远高于利用示波器所测得的读数;若测非正弦信号电压的幅度,用普通的晶体管电压表(如 DA-16)测量,由于波形为非正弦波将引起很大的误差,而用示波器测量误差就小得多。因此正确选用测量仪器,对测量结果有决定性的影响。

2. 正确选择电子测量仪器的功能和量程

电子测量仪器接入被测电路之前,必须首先正确调整仪器面板上有关的开关、旋钮,选择合适的功能和量程,以得到最精确的测量。如用 JSW-1 型数字万用表测量 +15 V 左右的直流电压,就应选 50 V 挡的量程。如置于 500 V 挡过大,读数不精确(因为只能读出两位有效数字)。如置于 5 V 挡不仅无法测量需要的数据,还会因严重过载而损坏仪器。若功能选择错误,误将开关放在电流挡去测电源电压,则会造成仪器的重大破坏,因此正确选择仪器的功能和量程十分重要。

3. 正确选择测量方法

不同的测量方法,往往得到不同的测量精度。例如,测量低频放大器的放大倍数时,必须测出放大器的输入电压和输出电压。若输入为 1 kHz 的信号电压,输出电压用 LM4320 双踪示波器测试或 DA-16 晶体管电压表测试,两种方法的测量结果差距较大,其原因是示波器的读数误差太大,因此一般都用 DA-16 晶体管电压表测量。

4. 严格遵守仪器使用的操作程序

对电子线路进行测试时,如违反仪器使用的操作顺序,不仅得不到正确的测试

结果,还可能使被测电路的元件和测量仪器损坏。例如,使用直流稳压电源时,必须先调整好输出电压,而后再接入被测电路。若要改变被测电路,必须先关闭稳压电源;当发生异常现象或故障时,也必须首先关闭稳压电源,否则就有可能发生元件和仪器损坏的事故。又如在用晶体管特性图示仪测量晶体管的参数时,首先必须把有关开关、旋钮调整到正确位置,再接入晶体管进行测试,否则会损坏晶体管等被测器件。

5. 使用仪器应注意"共地"问题

在电子测试技术中,应特别注意各电子仪器的"共地"问题,即各台仪器以及被测网络的地端都应按信号输入、输出的顺序可靠地连在一起。交流电压测量时,电压表的两端是"对称"的,可以任意互换测试电极而不会影响读数。但在电子线路测试中,由于工作频率较高,线路阻抗较大和功率较低,为避免外界干扰,大多数仪器采用单端输入、单端输出的形式,即仪器的两个测量端点是不对称的,总有一个端点与仪器外壳相连,并与电缆引线的外屏蔽线连在一起,这个端点通常用符号"⊥"表示,所有仪器的"⊥"点都必须连在一起,即"共地"。否则可能引入外界干扰,导致测量误差增大。特别是由多台仪器组成的测试系统,当所有仪器的外壳都通过接地线的电源插头接入大地时,若没有"共地",轻则使信号短路,重则会烧坏被测电路的元器件。

此外,大部分电子仪器的内部具有电源变压器,而单相交流电源的一端是接大地的,由于电源变压器原、副边绕组间存在着寄生电容耦合到仪器中,使仪器的输出、输入的"⊥"端对大地来说,存在一个等效高阻抗 Z 和 50 Hz 的干扰源。如图9.24所示,低频信号发生器和示波器没有"共地"(示波器的"⊥"端与信号源的"⊥"端没有相连),则两个干扰电压通过被测电路和示波器输入阻抗构成回路。在 R

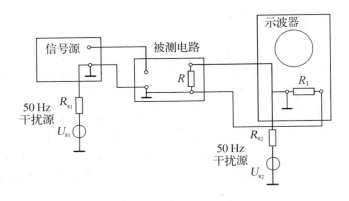

图 9.24　仪器之间不"共地"连接图

和R_1上产生干扰电压,从而影响观测结果。被测电路及仪器的输入阻抗越大,这种干扰越严重。如果把它们的"⊥"都连在一起,即"共地"连接,如图 9.25 所示,则干扰就不会在 R 和 R_1 上产生压降,从而避免了 50 Hz 干扰。由上述可知,在测试中"共地"是极其重要的。

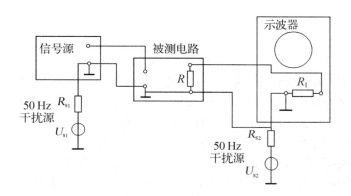

图 9.25　仪器之间"共地"连接图

6. 正确使用仪器的开关和旋钮

装在电子仪器面板上的开关、旋钮等机电元件用于控制电子仪器的工作状态,正确使用开关、旋钮是保证仪器正常工作和测试结果准确性的关键。因此使用每一台仪器都必须了解其开关、旋钮的作用及正确使用方法,要注意旋钮的旋转方向和位置,不要用力过猛以免损坏。如发现开关、旋钮松动,必须维修后才能继续使用。

参 考 文 献

［1］ 吴兆华. 表面组装技术基础［M］. 北京：国防工业出版社，2002.

［2］ 迟钦河. 电子技能与实训［M］. 北京：电子工业出版社，2004.

［3］ 付家才. 电子工程实践技术［M］. 北京：化学工业出版社，2003.

［4］ 苏寒松. 电子工艺基础与实践［M］. 天津：天津大学出版社，2009.

［5］ 王天曦，李鸿儒. 电子技术工艺基础［M］. 北京：清华大学出版社，2000.

［6］ 李敬伟，段维莲. 电子工艺训练教程［M］. 北京：电子工业出版社，2005.

［7］ 高维堃，史先武，王秀山. 现代电子工艺技术指南［M］. 北京：科学技术文献出版社，2001.

［8］ 刘联会，石军. 怎样检测电子元器件［M］. 福州：福建科学技术出版社，2003.

［9］ 曹海泉，李威. 电工与 SMT 电子工艺实训［M］. 武汉：华中科技大学出版社，2010.

［10］ 邓木生. 电子技能训练［M］. 北京：机械工业出版社，2006.

［11］ 张友纯. 模拟电子线路［M］. 武汉：华中科技大学出版社，2009.

［12］ 刘宏. 电子工艺实习［M］. 广州：华南理工大学出版社，2009.

［13］ 罗辑. 电子工艺实习教程［M］. 重庆：重庆大学出版社，2007.

［14］ 张宪，张大鹏. 电子工艺入门［M］. 北京：化学工业出版社，2008.

［15］ 殷小贡，黄松. 现代电子工艺实习教程［M］. 武汉：华中科技大学出版社，2009.

［16］ 陈永甫. 用万用表检测电子元器件［M］. 北京：电子工业出版社，2008.

［17］ 曾峰，侯亚宁. 印制电路板（PCB）设计与制作［M］. 北京：电子工业出版社，2002.